这才是醇正浓缩咖啡

刘清 编著

中国纺织出版社有限公司

序 Preface

浓缩咖啡发明和发展于意大利，始于 20 世纪初，但直到 1940 年代中期以前，它是单独通过蒸汽压力制作出的饮品。意式浓缩咖啡被称为咖啡之魂，是咖啡中的王牌。

意式浓缩咖啡（Espresso）在意大利人的眼中就是生活的一部分，有较淡的美式咖啡（Americano），也有加了奶的卡布奇诺（Cappuccino）、拿铁（Latte）等。咖啡在我们中国人的生活中也越来越受欢迎，尤其受到年轻一代的青睐。喜爱咖啡、有动手制作的冲动，首先要了解什么是意式浓缩咖啡。

意式浓缩咖啡已有百年历史，“浓缩”二字在意大利语中的意思是“快”，因为浓缩咖啡采用高温高压的萃取方式，可以快速地制作，快速地传递给顾客，快速地喝完，其特点是口味比较醇正、浓郁。

有人说，浓缩咖啡是一种艺术品。因为它融合了长时间烘焙的咖啡豆、精细的煮制技巧、咖啡机的完美力量及制作咖啡的人的心情。确实这样，正是多种因素的完美结合，才能演绎出精品咖啡，才能享受醇正之味。

我以前是不大喜欢喝咖啡的，但自从品尝了一杯醇正的浓缩咖啡后，对其有一种独特的

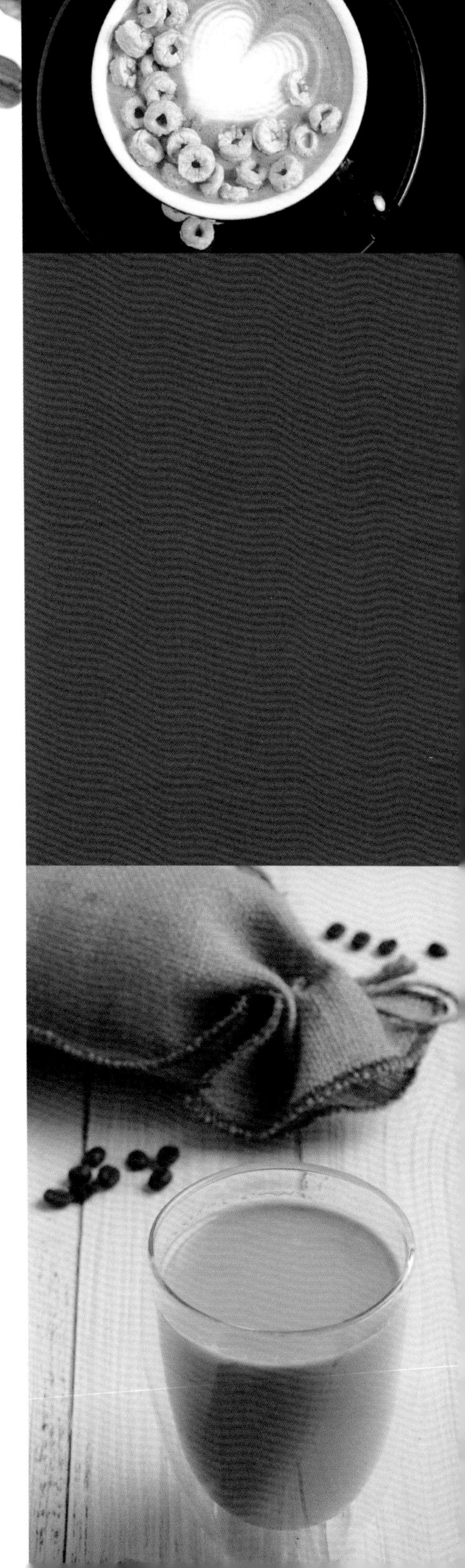

体验。那种香气令人陶醉，那种口感令人回味无穷，那种味道令人意犹未尽，至今都难以忘怀。这也许就是醇正浓缩咖啡的独特魅力吧！这也正是驱使我执着地从事咖啡工作的源动力——希望能让喝咖啡的人士品尝到真正的浓缩咖啡。人们一边享用着美味的浓缩咖啡，一边闲谈，是多么惬意的生活啊！

具有意大利风味的浓缩咖啡这么讨人喜爱，尝试自己动手制作一杯高品质浓缩咖啡吧，即便不足以成为专业的咖啡师，也可以成为技术娴熟的浓缩咖啡制作达人。

随着咖啡机的多样化和人们生活水平特别是知识水平的显著提高，掌握浓缩咖啡的制作方法并非难事，只要潜心学习，多琢磨，多实践，多总结，相信你一定能获得成功，享受浓缩咖啡的美味以及它带给你的美好时光。

让我们尽情地享受浓缩咖啡带给我们的快乐生活吧！

刘　清

目录

Contents

01 咖啡飘香 千年之旅 6

02 亲近 浓缩咖啡 16

03

一杯醇正的浓缩咖啡

01

咖啡飘香千年之旅

咖啡到底是谁发明的呢？咖啡已有一千多年历史了，现在要有一个确切的定论，恐怕不现实。但是，咖啡能够在长达千年的时间里不被人们抛弃，证明了咖啡的生命力极强，广受欢迎，它的色、香、味都是一流的、不可替代的，进而形成了浓厚的、独特的咖啡文化。如今，咖啡更是受到年轻人的喜爱，相信咖啡一定会常盛不衰。

咖啡的渊源与传播

当你在品味香醇的咖啡时，会不会感叹如此神奇的食物是怎么被发现的呢？可能很多人都会觉得咖啡的故乡就在欧洲，但实际上咖啡起源于非洲的埃塞俄比亚，并通过也门的摩卡 (Mocha) 港被传到世界各地。

相传大约 9 世纪时，一个叫卡尔代的阿拉伯牧羊人在伊索比亚草原放牧的时候，发现羊群中的某些羊吃过一种红色果实之后显得无比兴奋，会异常有活力地跳来跳去。他非常好奇，于是亲自品尝，发现这些果实香甜无比，让人精神振奋，头脑清醒。从此，他便时常去那里和羊群一同分享此等美食。后来，一位伊斯兰教教徒经过此地，将这种奇异的红色果实带回家，并将它们流传出去。

15 世纪初期，咖啡已经出口到了阿拉伯半岛，当时，咖啡对阿拉伯人来说属于国宝级的珍品，只有少数宗教人士能够享用。最初，咖啡只被当作一种神奇的药物，仅限于医生处方使用。但其令人兴奋的作用，被许多人看成一种刺激大脑的兴奋剂，也有人认为它有促使人产生宗教幻觉的功效。于是，到了 16 世纪中叶，在麦加、麦地那和开罗等地区，咖啡屋如雨后春笋般不断涌现。

16 世纪后期，咖啡经由通商航线，渐渐风靡意大利、印度、英国等地。由于咖啡主要经从也门摩卡港驶来的货船抵达欧洲，“摩卡”一词从此便与咖啡联系在一起。在之后的一个世纪，咖啡开始在欧洲流行起来。欧洲最古老的咖啡屋是 1645 年在威尼斯开设的。

咖啡的流行带来了非常可观的利润。最初，阿拉伯人为了避免咖啡被其他国家种植，所有的咖啡豆必须经去壳手续之后才能出口，垄断了咖啡豆贸易市场，也门的咖啡种植户们也小心翼翼地看护着他们的咖啡树。但在 1616 年，荷兰商人将咖啡树从也门摩卡港带回了阿姆斯特丹，并开始在市内植物园的温室里种植，使荷兰人在咖啡种植的竞争中占取上风。

约 1656 年，荷兰人在印度和锡兰（今斯里兰卡）开始培植咖啡树，之后又将种植区转移至苏里南和爪哇，出现了第一批欧式种植园。荷兰人主宰了欧洲的咖啡豆贸易。

约 1715 年，法国殖民者便开始在伊斯帕尼奥拉群岛（Hispaniola）种植咖啡树，很快，种植区又扩展到印度洋上的波旁岛（今留尼旺岛）。

1718 年，荷兰人又把咖啡带到了南美洲的苏里南，拉开了世界咖啡中心地区（南美洲）种植业飞速发展的序幕。

1723 年，一个名叫加布里埃尔•马蒂厄•德•克利（Gabrie Mathieu De clieu）的法国人将咖啡树苗带到马提尼克岛。

1727 年，葡萄牙殖民者在巴西帕拉建立南美洲第一个咖啡种植园。随后在里约热内卢附近栽培。

1730 年，英国种植者又把咖啡树带到了牙买加，牙买加蓝山咖啡开始在蓝山地区生长。

1750~1760 年，危地马拉开始咖啡种植。

1779 年，咖啡从古巴传入了哥斯达黎加。

1790 年，咖啡开始在墨西哥种植。

1825 年， 里约热内卢的咖啡种子被带到了夏威夷岛屿，成为之后著名的夏威夷可娜咖啡。

1887 年，法国人将咖啡树苗带去越南，建立种植园。

1878 年，英国人在肯尼亚建立咖啡种植园区，咖啡登陆非洲。

1896 年，咖啡登陆澳大利亚的昆士兰地区。

而美国，则是独立战争前夕的一系列事件刺激了咖啡需求量的增长。当时，美国人为了表示自己对英殖民者的反抗决心，将日常热饮从茶换成了咖啡。自此，咖啡成为美国人最爱的饮品之一。

咖啡的发展历程

20 世纪，咖啡已成为常饮品

进入 20 世纪后，咖啡已经融入美国人和意大利人的生活，美国和意大利成为世界咖啡市场的核心。当时美国人把喝到美味的咖啡当作理所当然的事情，速溶咖啡和咖啡连锁品牌开始崭露头角。意大利人无论多匆忙，都会停在路旁，享受一杯意式浓缩咖啡。

20 世纪 30 年代末，98% 的美国家庭有喝咖啡的习惯，美国咖啡豆进口量占世界咖啡总产量的 70%。随着喝咖啡人数的增加，商人们看到了低价即饮咖啡巨大的潜在市场，速溶咖啡迅速走红美国。约 1938 年，巴西咖啡协会因要处理大量卖不出去的咖啡豆，邀请了雀巢公司帮忙解决问题，从而创立了雀巢咖啡，速溶咖啡应运而生，雀巢也一跃成为世界最知名的速溶咖啡品牌。到 20 世纪 70 年代，全世界约 1/3 产量的咖啡豆均被用来制作速溶咖啡。

1986 年，雀巢公司推出了单杯咖啡系列产品——一种“豆荚”状的密封咖啡胶囊奈斯派索（Nespresso）。此胶囊里面装着可以煮 1 杯咖啡份量的咖啡粉。这种胶囊咖啡冲泡方法简单，出品味道稳定，让人们随时随地可以品尝一杯香醇的咖啡。

21 世纪，咖啡形成精品浪潮

时代在转变，咖啡的市场也在改变。咖啡馆内除了上班族、中产人士，还渐渐有了年轻的学生们。咖啡销售市场走向中低年龄层，并持续不断地蓬勃发展。

20 世纪 80 年代，传统的咖啡浪潮逐渐散去，随着深度烘焙的出现，咖啡逐步精品化。人们不再只是追求其简单饮品的属性，还更关注隐藏在其背后的知识，由此更好地享受咖啡所带来的消费体验。

1966 年，在加州伯克利大学的荷兰裔烘焙师艾佛瑞 • 毕特（Elfred Peet）开了毕兹咖啡（Peet's Coffee），专卖家用咖啡豆。毕特喜欢深度烘焙，成功吸引了一批本地忠实顾客，这也是拉开咖啡豆革命序幕的标志之一。毕特也被称为精品咖啡教父。如今家喻户晓的星巴克创业三元老就是在“毕兹咖啡”得到启蒙。后来大家耳熟能详的现任星巴克总舵手霍华 • 舒尔茨（Howard Schultz），把星巴克重心从卖咖啡豆转移到卖咖啡上，让美国人喝到了浓郁新鲜的高质量咖啡。在咖啡精品化、咖啡馆扩张的大环境下，意式浓缩咖啡大行其道。

继而娥娜努森（Erna Knutsen）创造了精品咖啡 (Specialty Coffee) 一词，可以称为精品咖啡教母。她强调各产地的不同环境条件对咖啡口味的重要影响，提出“地域之味”。现在，我们发现越来越多的咖啡馆贴上了手冲咖啡、精品产区咖啡、新鲜烘焙咖啡等标签。特别是 21 世纪之后，我们不再仅仅满足于“能喝”，而是“会喝”。

咖啡果实与处理

很多人虽然喝过咖啡，但却不清楚咖啡果实原本的样子。实际上，咖啡也是水果的一种。我们一般所说的“咖啡”，是指果实里的种籽，而果实则被称为咖啡樱桃 (Coffee Cherry)。咖啡樱桃在结构上由外而内大致分为果皮、果肉、果胶层、硬壳（或称为羊皮层）、银皮、最内层的咖啡豆种子。

不同国家、不同地区生产的咖啡果采收时间均不相同，通常在开花后约 7~8 个月等咖啡果成熟呈鲜红色时进行采收，而处理的定义是指脱去咖啡樱桃的外果皮、除果肉、内果皮、银皮等 5 个部分，最后取得咖啡豆的方式。一般而言，咖啡樱桃处理成咖啡生豆的方式有五种，分别为水洗处理法 (Washed Process)、日晒处理法 (Natural Process)、半日晒处理法 (Pulped Nattural)、半水洗处理法 (Semi-washed)、蜜处理法 (Honey Process)。以下是其中耳熟能详的三种方式。

日晒处理法（Natural Process）

在咖啡成为常饮品之前，阿拉伯人就已经在使用日晒法处理咖啡了，属于最古老的咖啡果实处理法，多用于日晒充足的地区。

步骤

1. 初步选豆：在人工采摘果实的阶段就选摘成熟度较为一致的咖啡果实，之后再以清水冲洗咖啡果实的表面。

2. 日晒干燥：将新鲜的咖啡果实放到曝晒场进行日晒干燥，经过 2 ～ 4 周的不停翻动自然风干。

3. 去除外壳：完成干燥后用去壳机直接除去果皮、果实及外壳。

优点

1. 适合高原缺水的地区（如巴西）；

2. 操作简单（找块地进行干燥即可）；

3. 投资成本低（不需要太多复杂的设备）；

4. 日晒后的果皮会变得轻脆，易于使用脱壳机进行轻松脱壳；

5. 保留下来咖啡更多自然的味道（咖啡的果胶会提升其香气和甜度）。

缺点

易受天气制约——会影响咖啡的干燥时间，可能花费的时间很长。同时也会因放在地面上晒而掺入石头木棍等杂物，造成更多瑕疵和杂质。

水洗处理法（Washed Process）

水洗法是由荷兰人于 18 世纪发明的技术，适合多雨的地区，虽然过程相当烦琐，但却是目前较为普遍的生豆处理法，占约 70% 的咖啡总量。

步骤

1. 筛除浮豆：将咖啡果实以清水冲洗后将浮在水面上的未成熟果实捞出。

2. 脱除果肉：将新鲜果实送入果肉筛除机进行果皮果肉的脱除。

3. 去除果胶：去除果肉后的种子移入发酵水槽中，经过 16 ～ 36 小时的自然发酵，溶除表面果胶后再清洗。

干燥去壳：继续曝晒 1 ～ 3 周使含水量降至 12%，再用去壳机除外壳。

优点

1. 因其所有的处理程序都在室内，故能让咖啡豆中的杂质降到最低，品质最高；

2. 由于一开始就去除了果肉，所以完全不需像日晒法一样担心发霉的问题；

3. 外观保存得较为完整，卖相不错；

4. 由于经过发酵，所以咖啡豆通常都会带有明亮的酸味与果香。

缺点

由于程序复杂且烦琐，因此成本较日晒法高出许多；因会用到大量的清水，在水资源缺乏的地区较少使用。

蜜处理法（Honey Process）

蜜处理法又称为去果皮的日晒处理法，始于哥斯达黎加，是当地的咖啡农夫们为了提高咖啡豆的品质而尝试的方法，随后慢慢传播到其他国家。它是所有处理法中最困难、风险也最高的处理方式。目前有三种不同的蜜处理法，随着去皮后留下的果肉比例不同而有所区别。

三种方法

1. 去除果皮：将咖啡果实以清水洗净后，去除果皮，留下果肉。

2. 日晒干燥：保留含有糖分的果肉一起曝晒，此阶段必须不断翻搅避免生豆发霉。

3. 取得生豆：完成干燥后一次去除果肉、果胶和外壳。

优点

蜜处理法是一种介于日晒法和水洗法中间的处理方式。它让咖啡保留了水洗的干净，尽管明亮度会有所下降，但增加了咖啡的甜度与焦糖味。蜜处理法处理过的咖啡豆外观带有明显的黏质层。

缺点

蜜处理法是一项比较复杂、费时、难易度较大的加工方法。若执行不佳，喝起来会有不好的醋酸味，像洋葱或蒜的辛香味，即使执行得相当不错，仍会带些泥味，其余韵也较不干净，杂味会较一般水洗法更重，因此整体而言，采用蜜处理法较一般水洗处理法的风险高许多。

一杯完美咖啡所具备的要素，最重要的就是咖啡豆本身的品质。好的咖啡果实需经过繁复耗时而又细腻耐心的处理过程后，才能成为高品质的咖啡生豆。

生豆的品质

咖啡果实经过精制处理后，未经烘焙的咖啡豆通常称作“咖啡生豆”。咖啡生豆质量和设备、冲泡技术、牛奶品质一样，对于咖啡的最终品质至关重要。采购优质生豆是保证咖啡品质稳定如一的第一步。

生豆的个头小、密度大而且非常坚硬，有一种类似青草的味道，正是这种味道在烘焙过程中，产生了咖啡独特的风味和美妙的香气。

现今虽无通用的国际标准来对咖啡生豆的等级品质进行统一评价，但几乎每个咖啡生产国都制定了属于自己的标准。除了咖啡产区、初加工方法、咖啡树品种等可以用来分类以外，根据豆子的缺陷级数、豆体长宽、海拔高度、杯测质量来区分优劣等级。首先经过分拣机挑选出外观不佳或是有瑕疵的豆子，接着再以手工的方式进行分拣，最后根据生豆的大小、外形以及相对密度分出等级。

咖啡豆在不同的国家及产区有不同的分级方法

按品质标准分级

在一些非洲国家，生豆按品质标准分成 AA、A、B、C 与 PB 等级，标准因地而异，基本上根据大小及形状来确定，等级越高，品质越好。计算方法是以生豆的直径即 1/64 英寸（1 英寸 =2.54cm）的倍数来测定，AA 为最高级，A、B、C 依次递减，C 级以下的通常拿去当饲料或肥料。例如，坦桑尼亚最高级的咖啡豆是 AA 级的大颗粒豆子，一般需要用到 18 号以上的筛网。而圆豆的风味特殊，且豆子较小，所以自成一级，即 PB 级，通常价格较高。

根据筛网分级

而哥伦比亚、牙买加、巴西、哥斯达黎加等国家，则是以号码区分，分别有 14、15、16、17、18、19 等。此法基本上是以网孔筛选来区分，1/64 英寸为设定单位。若网孔的直径为 14/64 英寸，即筛网号是 14，则豆子的号码就是 14。筛网号越大，豆子越大。

根据瑕疵豆比例分级

这种分级方式先根据瑕疵豆进行扣分，再进行味觉测试。瑕疵豆是破坏咖啡风味的重要因素，因此生豆处理的最后一步就是要去掉瑕疵豆。此法在巴西被广泛应用，我们在买咖啡豆时经常会看到“巴西圣多斯 NO.2”，NO.2 就是巴西咖啡豆的最高等级，因为基本上不存在一颗瑕疵豆都没有的情况，即便有也无法维持一定的供应量，因此巴西将 NO.2 设定为最高级，而不是 NO.1。

由于精品咖啡风潮的兴起，咖啡生产国越来越注重咖啡豆的品质，控制瑕疵豆是最重要的一个途径，所以根据瑕疵豆的比例作为分级方式也越来越普遍。

咖啡的食用价值

千万别小看一杯小小的咖啡，它里面可含有多种有益人体健康的成分哦！现代医学研究指出，咖啡豆含有蛋白质、脂肪、烟碱酸、钾、膳食纤维、糖类等营养成分。此外，咖啡的烟碱酸含有 B 族维生素、游离脂肪酸、咖啡因、绿原酸、单宁酸等多种有益人体健康的成分。每天喝咖啡最好的时间段是春冬季的下午 3～5 点，夏秋季的下午 4～6 点。咖啡的食用价值主要有以下几点。

1. 咖啡中的咖啡因有刺激中枢神经，促进肝糖元分解，升高血糖的功能。适量饮用可使人暂时精力旺盛，思维敏捷。运动后饮用，有缓解疲劳，恢复体力，振奋精神之效。但应注意的是睡前不要喝咖啡，以免失眠。

2. 咖啡有减肥的作用。特别在食用高热量的食物后，来一杯咖啡，能使人体的新陈代谢率增加 3%～4%，适量饮用能达到减肥效果。但如果在咖啡中加入热量很高的奶精和糖，要注意适量摄取，以免引起肥胖。

3. 咖啡有解酒的功能。酒后喝咖啡，可使由酒精转变而成的乙醛快速氧化，分解成水和二氧化碳排出体外。

4. 一日三杯咖啡可预防胆结石。来自哈佛大学公共卫生学院的一项新的研究指出，每天喝 2～3 杯咖啡的人比从不喝咖啡的人，平均得胆结石的概率小了 40% 左右！咖啡中的咖啡因，能刺激胆囊收缩，并减少胆汁内容易形成胆结石的胆固醇。

尽管咖啡有很高的食用价值，但是发育中的儿童、怀孕或正在哺乳的妇女、老年人、空腹者、腹泻者、胃酸过多的人、胃及十二指肠溃疡者、抽烟的人、容易失眠的人、有精神方面疾病的人都不适宜喝咖啡，否则会对身体带来很大的伤害，千万不可贪杯哦！

咖啡的主要成分

对于上班族来说，早上来一杯咖啡是常有的事情。但咖啡的成分是什么？经常喝咖啡会影响健康吗？下面我们来看看咖啡的主要成分。

咖啡因

是咖啡所有成分中最引人注目的，它是一种较为柔和的兴奋剂，可以提高人体的灵敏度、注意力，加速人体的新陈代谢，改善人体的精神状态和体能，从而缓解疲劳。但长期大量服用，如本身已有高血压，再加上情绪紧张，会使血压上升，容易造成危险。

单宁酸

经煮沸它会分解而产生焦梧酸，使咖啡味道变差。而如果冲泡好又放上好几个小时咖啡颜色会变得比刚泡好时浓，而且也较不够味，所以冲泡好的咖啡应最好尽快喝完。

脂肪

咖啡内含的脂肪，在风味上占极为重要的角色，分析后发现咖啡内含的脂肪分为多种，而其中最主要的是酸性脂肪和挥发性脂肪。酸性脂肪是指含有酸的脂肪，其强弱会因咖啡种类不同而异，挥发性脂肪会散发出约四十种芳香的物质。

糖类

咖啡生豆所含的糖分约 8%，经过烘焙后大部分糖分会转化成焦糖，使咖啡形成褐色，并与单宁酸互相结合产生甜味。

纤维

生豆的纤维烘焙后会炭化，与焦糖互相结合，形成咖啡的色调。

矿物质

含有少量石灰、铁质、磷、碳酸钠等。

02

亲近浓缩咖啡

意大利浓缩咖啡、拿铁咖啡、卡布奇诺……一款款有滋有味的咖啡已经给人们留下了深刻的印象。

如果自制一杯咖啡，还可以根据自己的喜好来添加食材，让浓缩咖啡变得更加丰富多彩。

亲近浓缩咖啡，你会发现更多更令你陶醉之处，我们拭目以待吧！

成品咖啡的类别

我们通常说的咖啡一般是指成品咖啡。那么你知道成品咖啡有哪些类别吗？

单品咖啡

单品咖啡，是用原产地出产的单一咖啡豆磨制而成、饮用时通常加奶或糖调味的纯正咖啡。它具有强烈的特性，口感特别：或清新柔和，或香醇顺滑。因为咖啡豆成本较高，所以一般价格也比较贵，如著名的蓝山咖啡、巴西咖啡、意大利咖啡、哥伦比亚咖啡……

意式浓缩咖啡（Espresso）

意式浓缩咖啡，发明及发展于 20 世纪初的意大利。当时一位“急性子工程师”，他因为滴漏煮咖啡的时间太长而改用高温、高压的方式煮咖啡以缩短时间，于是独一无二的意大利快速调理咖啡面世，意式浓缩咖啡也开始风行。它口感强烈，味道浓烈、醇厚，可搭配不同辅料成为各种花式咖啡，几种常见的如下：

拿铁 (Caffè Latte)

拿铁在意大利文中就是牛奶的意思，它是在意式浓缩咖啡中倒入接近沸腾的牛奶，大量的牛奶和奶泡充分调和了浓缩咖啡厚重的味道，使其口味变得温和，可作为初尝咖啡者的首选推荐。

单品咖啡

摩卡（Caffè Mocha）

最古老的一种咖啡，因摩卡港而得名。它是由意式浓缩咖啡、巧克力酱、鲜奶油和牛奶混合而成的，是意式拿铁咖啡的变种。

卡布奇诺（Cappuccino）

卡布奇诺上的奶沫帽和天主教卡布基教会教士所穿披风上的帽子相似，因此得名。传统的卡布奇诺咖啡包含 1/3 浓缩咖啡，1/3 蒸汽牛奶和 1/3 奶泡。卡布奇诺可分为干、湿两种。干卡布奇诺 (Dry Cappuccino) 是指奶泡较多，牛奶较少的调理法，喝起来咖啡味浓过奶香。湿卡布奇诺 (Wet Cappuccino) 则指奶泡较少，牛奶量较多的做法，奶香盖过浓郁的咖啡味，适合口味清淡者。

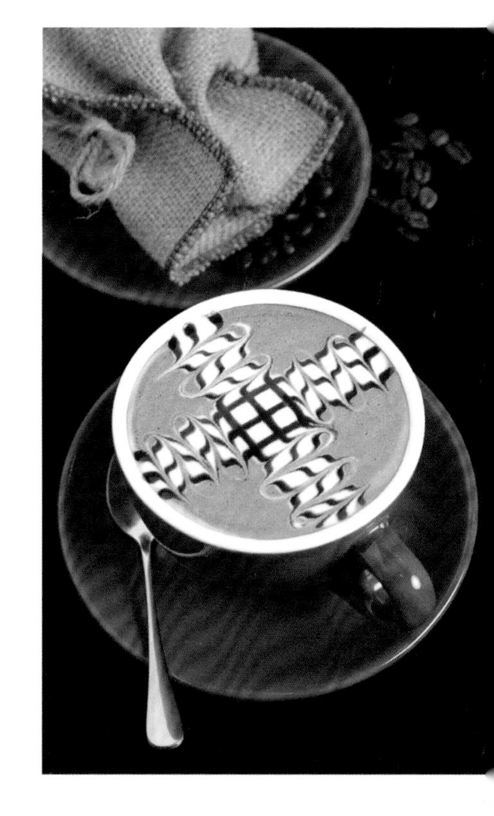

摩卡

卡布奇诺

玛奇朵

玛奇朵（Espresso Macchiato）

Macchiato 源于意大利语，代表“印记、烙印”的意思，发音为“玛奇雅朵”，一般称为玛奇朵。玛奇朵是在浓缩咖啡上加上薄薄一层热奶泡以保持咖啡温度，细腻香甜的奶泡，可以缓冲浓缩咖啡带来的苦涩冲击，适合喜欢甜味的人。

美式咖啡（Americano）

又称黑咖啡，在意式浓缩咖啡中加入大量的水而成。口味较淡，但因萃取时间长，故咖啡因含量高。

白咖啡（Flat White）

即馥芮白，马来西亚特产，约有 100 多年的历史。白咖啡并不是指咖啡的颜色是白色的，而是采用特等咖啡豆及特级脱脂奶精原料，经特殊工艺加工后得到的咖啡，甘醇芳香不伤肠胃，保留了咖啡原有的色泽和香味，颜色比普通咖啡更清淡柔和，故得名为白咖啡。

康宝蓝（Espresso Con Panna）

在意大利语中 Con 是搅拌，Panna 是生奶油，康宝蓝即意式浓缩咖啡加上鲜奶油。康宝蓝和巧克力、太妃糖非常搭。

布雷卫 / 半拿铁（Cafe Breve）

类似拿铁，但它加的不是牛奶，而是半牛奶、半奶油的混合物，有时会再加少许奶泡。

爱尔兰咖啡（Irish Coffee）

发明人是都柏林的一个酒保，它既像酒又像咖啡，是由热咖啡、爱尔兰威士忌、奶油、糖混合搅拌而成。

维也纳咖啡（Viennese Coffee）

奥地利最著名的咖啡。在温热的咖啡杯底加入一层薄薄砂糖或细冰糖，再加入滚烫而且偏浓的黑咖啡，最后在咖啡液面装饰两勺冷的鲜奶。

影响浓缩咖啡的主要因素

我们都知道，意式浓缩咖啡除了本身就是一种咖啡外，卡布奇诺、拿铁、摩卡等几乎所有的花式咖啡都是靠它来做基底。然而，意式浓缩咖啡只需磨粉，一压，一按，一萃取就可以了吗？事实上，咖啡师需要不断地调整、设置最符合所选用生豆的特性咖啡工具来突出生豆的本身个性。从粉量多少、压力的大小，再到水温的掌控，都是决定这杯咖啡好不好喝的关键。

浓缩咖啡需要咖啡粉份量

粉量在咖啡味道中是两大变量之一，单份浓缩咖啡一般约 7g。

研磨度

就是粉的粗细度，在咖啡味道中也是两大变量之一。我们在制作时需要时刻观察咖啡浓缩出来时的状态，若有变化，需马上对研磨度进行调整。大颗粒咖啡经压粉后粉饼中的缝隙还是较大，水较为容易通过粉饼，流速快，味道所含酸度高、稠度薄；细颗粒咖啡粉，经压粉后粉饼中的缝隙较小，水较为困难才能通过粉饼，流速慢，味道含有酸度较低、稠度厚。

压挤度

挤压是为了使咖啡粉能均匀地被萃取，若不经过压粉，容易被热水击穿，造成不平均萃取；但挤压过密又会使热水不易通过，造成过度萃取。

温度

属于因变量，由于咖啡本身含有的上百种很复杂物质会在不同萃取温度被萃取出来，造成不同的口感。一般温度越高酸度越低，温度越低酸度越高，因此我们要针对所选用的生豆特性，对咖啡机水温进行调整，一般 90~97℃之间最为理想。最后出品的最佳温度是 67℃。

萃取时间

完全属于因变量，手冲咖啡的萃取时间可根据研磨度还是注水时间决定，而使用咖啡机萃取时间完全取决于研磨度，一般为 25s。

萃取压力

又称为冲泡压力，压力太高会击穿咖啡粉，形成孔洞，造成不平均萃取；且压力太大，水流速度过快，将造成萃取不足。而压力太小则会造成过度萃取。一般使用 800~900kPa。

咖啡豆的选购

烘焙日期

咖啡豆的烘焙日期是很重要的，如果不新鲜，不只风味会大大减损，还可能产生有害身体的毒素。另外，烘焙日期可以帮助我们计算养豆时间，有助在最佳赏味期内品尝咖啡。烘焙好的咖啡豆一般可保存 3 ～ 4 周。

咖啡标签

咖啡包装上最显要的标注除了公司名称，还有就是这包咖啡是拼配咖啡（其原料来源不止一个国家），还是单品咖啡（所有原料产自同一国家）。例如：“肯尼亚拼配”，即这包咖啡的特征大体与肯尼亚咖啡风格一致。另外，我们还能看“饮用建议”，如写上“早餐咖啡”或者“餐后咖啡”。

挑选用单向气阀的包装袋

这些小气孔是保存新鲜的关键，专业名称叫作“单向排放阀”，就是只能“单向排出”包装袋内的空气，无法从外界进入空气，以保证咖啡豆的品质。有单向气阀的咖啡袋，减少了大量氧气的接触，整体保存品质可以远超过一般袋子。

尽量追溯到原产区

也就是说我们购买时不要购买只有标示国名的豆子（或是连国家也没标的），例如一包写着“哥伦比亚咖啡豆”的豆子，哥伦比亚这么大，所有在哥伦比亚内产的咖啡豆，都叫作哥伦比亚咖啡豆。因此，标示越详细的豆子，越是咖啡品质的保证。如果能追溯到特定产区、特定的处理场、合作社或生产者，甚至是特定的海拔，豆子一致性越高，越能喝出其产区的特殊风味。

选择阿拉比卡豆

咖啡豆的品种主要分为两大种：阿拉比卡和罗布斯塔。一般来说，阿拉比卡的咖啡香气比较丰富，容易因海拔、土壤、气候条件等因素影响，造就不同产区的特殊味道。

咖啡豆的保存

通常情况下，一袋咖啡豆一旦开封，风味会在 1 周之后开始流失。特别是研磨成粉后，与空气接触的面成千倍放大，使其风味急速流失，只能坚持 1h，因此通常磨粉后 15min 内应进行萃取工作。

原包装袋保存

咖啡基本上采用铝箔单向排气阀袋（只能出气，不能进气），铝箔可以阻隔光线和空气，单向排气阀可排出咖啡豆产生的空气，此类袋子在不开封的情况下不会涨破。

密封罐保存

密封罐保存咖啡豆是一种不错的方法，但不要购买透明的罐子，因为光线会提高咖啡氧化的速度。虽然有些咖啡会使用大的透明的密封罐，这是因为透明罐可以直观地看到烘培好的豆子，有助于消费者选择。

真空罐保存

真空罐可将罐内的空气抽光，形成真空状态，是存储咖啡豆的好方法。但这种方法只能延缓咖啡豆的保鲜期，并不能保证长期新鲜，而且真空罐的质量良莠不齐，选购需谨慎。

烘焙咖啡豆

烘焙是把生豆变成熟豆的过程，之后我们才能研磨咖啡豆，再调制成各种味道的咖啡。

对于热爱咖啡的人，想随时喝到新鲜烘焙的咖啡，就要自己动手学会如何烘焙了。这样一来可保证咖啡豆的新鲜度，二来可降低饮用成本，还利于我们进一步了解咖啡。只有自己通过动手烘焙，才能具体地了解咖啡豆的细微差别，例如同样是蓝山咖啡，中度烘焙和深度烘焙时口感各呈现什么特点。

烘焙程度全解析

浅度烘焙（Light roast）

在烘焙过程中第一次爆裂之前，豆中糖分尚未释放，此时口感非常酸，不适合饮用。

肉桂烘焙（Cinnamon roast）

在第一次爆裂开始，咖豆像爆米花一样爆开，此时口感依然偏酸，咖啡呈肉桂色。

中度烘焙（Medium roast）

此时酸味依然强劲，出现淡淡的苦味，适合美式咖啡。

深度烘焙（High roast）

此时苦味与酸味相平衡，香气及风味皆佳，常为日本、中欧人士所喜爱，适合蓝山咖啡。

城市烘焙（City roast）

刚要进入第二次爆裂，此时苦味开始盖过酸味。

全城式烘焙（Full city roast）

第二次爆裂，咖啡开始释放糖分，糖分转变成褐色的焦糖，产生咖啡浓郁的风味和香气，属于中南美式的烘焙法，适用于调制冰咖啡。

法式烘焙（French roast）

此时咖啡豆为深褐色，味道偏苦，酸味已感觉不出，在欧洲尤其以法国最为流行，因脂肪已渗透至表面，带有独特香味，适合制作贵妇人欧蕾、维也纳咖啡。

意式烘焙（Italian roast）

颜色浓黑，表面有一层油光，主要流行于拉丁国家，适合制作意式浓缩咖啡、卡布奇诺等。

总的来说，浅度烘焙的咖啡豆，果酸味较强；深度烘焙的咖啡豆，苦味和甜味表现更明显。因为在浅炒过程中，咖啡豆内的有机酸仍然停留在咖啡内；在深炒过程中，因果酸内糖类不断受热而产生焦糖味道，故苦味和甜味较为浓烈。

烘焙咖啡豆的4种温度

1.浅炒（half city roast）:215~232°C

2.中炒（full city roast）: 232~238°C

3.中深炒（Viennese/light French roast）: 238~242°C

4.深度炒（Italian dark roast/French roast）: 242~249°C

烘焙咖啡的方法

湿炒法

咖啡豆在高温下完成烘焙后，立即倒入炒炉的“冷却转豆盘”内，散热时以冰雾喷在咖啡豆上，令咖啡豆可以加速冷却。

湿炒法的原理是，当咖啡豆在超过200°C高温下完成烘焙后，在咖啡豆上喷一层冰雾，让其尽快吸取；在吸取期间让已烘焙好的咖啡豆温度迅速下降，再放进麻袋内让咖啡豆释放二氧化碳气体，可使咖啡豆更加圆润，豆心的膨胀使咖啡油挥发得更加理想，咖啡味道也更浓郁。

在欧洲，大部分咖啡豆烘焙商都使用此法。欧洲生产的大型炒炉很多都设有喷雾器，在咖啡豆完成烘焙后自动将冰雾喷在咖啡豆上。

干炒法

大型炒炉的冷却转豆盘下面都设置有强力抽气的散热功能，当咖啡豆在烘焙完

毕后，倒进冷却转豆盘便可以让其慢慢降温，再放进麻袋内让咖啡豆释放二氧化碳气体。而小型的炒炉没有散热功能装置，可将烘焙好的咖啡豆置于风扇或空调下散热。

家庭烤箱烘焙

烤箱是最简单、最方便的烘焙工具，但不易烘焙均匀。

1.将温度调至270℃，烤箱预热10min，选择“上下烤”。

2.将咖啡豆放在烤盘上，每颗豆都要和底盘接触，一次不要放入太多，置于烤箱中层。

3.随时观察咖啡豆的颜色，并留意烤箱内发出的声音。

4.咖啡豆尚未达到理想烘焙程度之前，关掉烤箱，把豆子从里面取出来即可。

家庭烘焙需要注意以下几点。

1.烘焙的过程非常热，夏天烘焙豆子时，最好打开空调，采取预防中暑的措施。

2.家庭烘焙时，如果用手网烘焙咖啡豆，会更热，还会有烟雾缭绕的情况，对烟过敏的哮喘病人要慎行。

3.烘焙程度越浅，咖啡因含量越高。

4.熟豆比生豆体积大。咖啡豆在烘焙过程中内部释放出气体，体积会膨胀。

5.小量烘焙的方式能使每颗咖啡豆都得到均匀的烘焙，所以优质咖啡一定不能选择大量烘焙。

6.烘焙完成后，尽量使用单向排气阀袋装，因为咖啡豆在烘焙完的72h中还在往外排气，如果用全封闭的袋子会鼓起来，甚至破裂。并且不可立即用于研磨冲煮，需待72h后才能使用。

咖啡豆的研磨

冲泡方法决定咖啡粉研磨粗细程度。冲泡时间越短，研磨的粉末就要愈细；冲泡的时间越长，研磨的粉末就要愈粗。例如意式浓缩咖啡，机器制作咖啡所需的时间很短，因此磨粉极细；而用塞风方式烹煮咖啡，约需 1min，咖啡粉属中等粗细的研磨；美式滤滴咖啡制作时间长，因此咖啡粉的研磨是最粗的。

我们可以试着稍微调整一下研磨粗细，用等量的水冲泡等量的咖啡粉，成品风味会有很大的不同。咖啡粉太细容易萃取过度，带来极度苦口的味道；太粗则容易萃取不足，风味寡淡，甚至有木味。

五种常见的咖啡研磨方式

意式浓缩式（Espresso Grind）

属于超细研磨。我们常见的研磨粗细中，最细的要数用于意式浓缩的咖啡粉。浓缩咖啡的精髓是用很少的水，在短时间内尽可能多地萃取出风味和油脂。此时就需要非常细地研磨咖啡豆，磨成粉状，但是用手指揉捻一下，还是会有细砂粒的质感。

土耳其式（Turkish Gring）

属于极细研磨。极细研磨的咖啡粉就像糖霜（制作糕点用的糖）和精磨面粉那样细。土耳其冲泡法会将咖啡粉和糖水煮，水中悬浮物多，在倒进杯中之后才沉降下来。很多家用电动磨豆机不能磨出这样精细的粉末，而手动磨豆机反可取得不错的效果。

爱乐压式（Aeropress Grind）

属于中细研磨。适用于耗时短的手动冲泡方法，冲泡的咖啡风格与意式浓缩相似，倒水后，搅拌 30s，然后下压活塞。咖啡粉需要中细研磨，粉末与精白（特级）砂糖类似。

法压式（Cafetière Grind）

属于中粗研磨，颗粒比黄砂糖稍粗一些。适用于法压壶泡咖啡，因为这种方法水粉接触时间完全是由人控制的，我们可用研磨较粗的咖啡粉，这样推活塞比较轻松，然后通过延长接触时间，大约 4min，弥补粉末较粗的缺点。

滴滤式（Filter Grind）

属于中细研磨。不论是配合手冲壶还是电动滤泡壶使用，都要用类似于精白砂糖的中细研磨咖啡粉，以增加进入滤网中的水流遇到的阻力。冲泡时间应在 4 ～ 6min，但总时长不能代表粉水接触时间，每一滴水与咖啡的接触时间才是重要的。因此，研磨粗细一定要恰到好处地平衡阻力与水粉接触面积。粉末太细，会萃取过度，甚至会从滤网中流出来；粉末太粗，则会萃取不足，咖啡口感单薄。

磨豆机的挑选

锥刀式磨豆机

能磨出细腻均匀的咖啡粉。锥刀磨豆机的工作原理与磨盘类似，依靠两个圆盘研磨咖啡豆，研磨得很均匀；调整圆盘之间的距离，就可以获得与不同冲泡方法匹配的各种粗细的咖啡粉末。

平刀磨豆机

磨出的粉末粗细不一，而不管什么冲泡方法，都需要粗细均匀的咖啡粉，因此不推荐使用。

衡量磨豆机是否合格的两条标准

1. 最后磨成的咖啡粉是否足够均匀，因为咖啡粉粗细不均匀会导致萃取时的咖啡五味杂陈，粗粉末尚萃取不足，而细粉末早已萃取过度。

2. 研磨时产生的温度是否足够低，因为芳香物质的沸点都比较低，研磨时的温度太高会使咖啡的香醇过早地流失在研磨过程中。

浓缩咖啡的萃取

准备：

工具：1 台意式咖啡机，1 个手持式压粉器，1 台磨豆机，1 台电子秤

咖啡用量：8~11g

水量：25~30mL

水温：91~96℃

冲泡时间：20~30s

研磨粗细：极细研磨

方法：

1. 将咖啡豆放进磨豆机，进行研磨。
2. 用手指揉捻一下，感受获得的咖啡粉是否有细砂粒的质感。
3. 将手柄从从冲煮头上取下——从右向左旋转手柄致其松动。
4. 用水冲洗冲煮头 2~3s。
5. 清空手柄，擦净，确保里面没有任何残留的粉末和水分。
6. 将咖啡粉转至手柄中。

步骤 1

步骤 2

步骤 3

步骤 4

步骤 5

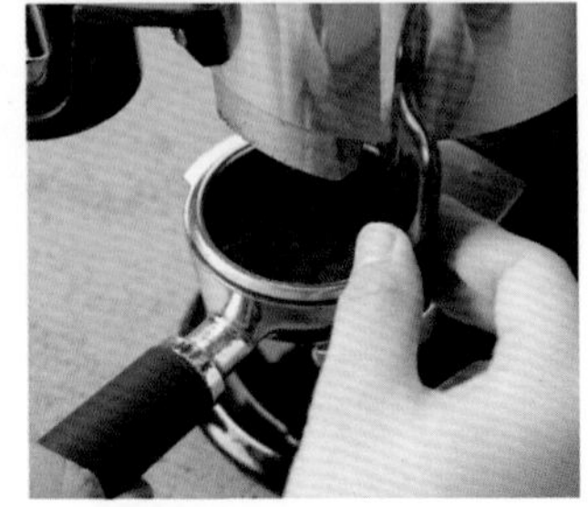

步骤 6

7. 将粉末表面处理平整。

8. 将手柄放在台面上，用与手柄滤器大小匹配的压粉器，从正上方压住粉末，利用身体的重量向下压（在此过程中，轻轻的晃动压粉器，去除多余的“粉块”）。

9. 将手柄装回冲煮头，固定好，并打开出水开关，即可开始萃取浓缩咖啡。

10. 萃取结束后，取出手柄。

11. 清除咖啡渣，洗净手柄。

12. 再装回冲煮头。

步骤 7-1　步骤 7-2　步骤 9

步骤 8-1　步骤 8-2　步骤 10

步骤 11　步骤 12

咖啡机打奶泡

打奶泡就是将牛奶加温、加压后打出细腻丝滑的奶泡，需根据不同品种咖啡的要求适当调整牛奶量、奶泡厚度及温度。

打奶泡需要要掌握正确的方法，否则奶泡的效果不佳，就不能刻画出完美的拉花。打奶泡并非单纯地让牛奶起泡泡即可。

注意事项：

喷嘴的位置要靠近拉花缸边缘，这是为了使牛奶在打发的过程中形成向心力的旋涡。喷嘴浸入牛奶表面深度为 1cm。极速旋转过程中，如果发现溢出现象的话，喷嘴应再伸下一点儿。

方法：

1. 调整蒸汽喷嘴的位置：从正面看是竖直、侧面看是与水平面约呈 75°角。

2. 擦净蒸汽喷嘴。

3. 打开蒸汽阀，看是否能正常喷出蒸汽，将蒸汽棒内的多余水分排去，然后关闭蒸汽阀。

4. 在不锈钢拉花缸内放入冷藏好的牛奶大约 250mL，然后置于咖啡机的喷嘴下面。

步骤 1-1

步骤 1-2

步骤 2

步骤 3

步骤 4

步骤 5

5. 调整好喷射角度。专业的压力咖啡机一般有 3 个或 4 个孔，拉花缸倾斜使牛奶液面与喷嘴形成约 60° 角。目的是打入空气，形成旋涡，使空气与牛奶充分融合，还能去除表面的粗泡沫。

6. 蒸汽喷嘴深入牛奶表面约 1cm 即可。

7. 启动开关。蒸汽要适中，太大的话，牛奶沸腾太快；过小了，蒸汽又会不足。在打入空气的过程中用手腕上下左右晃动拉花缸，这样做可以使打出的泡沫尽量微小。

8. 当奶泡升至拉花缸顶部时，关闭蒸汽阀，拿走拉花缸，打奶泡完成了。

9. 清洗蒸汽喷嘴：

（1）先用保洁布先抹去蒸汽喷嘴上的残留奶泡，然后用保洁布包住喷嘴。

（2）打开蒸汽阀，将喷嘴内的残留奶泡冲净即可。

步骤 6　步骤 7

步骤 8　步骤 9

步骤 9-1-1　步骤 9-1-2　步骤 9-2

咖啡的品鉴

研磨咖啡——品鉴风味的第一层次

研磨咖啡粉时，挥发性芳香物大量释出，此时品鉴的是咖啡粉的干香，最好使用“忽远忽近”的方法，也就是不时变换鼻子与咖啡粉的距离。分子量最轻的花草水果酸香味，具高度挥发性会最先释出；接着释出中分子量的焦糖、坚果、巧克力和杏仁味，但飘散距离比前者低分子量更短，故要稍靠近些；最后是高分子量的松脂味、硫醇以及焦香冒出，由于分子最重，飘香最短，这些气味多半是中深焙时才有，需将脸鼻贴近咖啡粉上方，较易捕捉。品鉴咖啡时，常变换鼻子与咖啡粉距离，较能闻到低、中、高分子量的多元香气。

冲泡咖啡——品鉴风味的第二层次

有些挥发性芳香物无法在室温下气化，需以高温的热水冲煮，才能释出香气，这就是冲泡咖啡的湿香。品鉴时，同样采取远近交互的方式闻香。此时，咖啡的花果酸香、焦糖香以及瑕疵的药水味、碳化味、木头味和土味在湿香的表现上会比干香更明显、更易察觉。

味蕾的捕捉——品鉴风味的第三层次

干香与湿香属于挥发性香气，可通过“闻”获得。至于咖啡冲泡后的水溶性滋味如何，就需靠舌头来捕捉。

咖啡入口，味蕾的酸甜苦咸受体细胞，立即捕捉水溶性风味分子。原则上舌头各区域均能感受咖啡的四种滋味，但舌尖对甜味，舌两侧对酸与咸，舌根对苦味较为敏感，此四味相互牵制与竞合，若一味太突出，就会抑制或加持其他滋味的表现，甚至会影响到口感。

滑顺感与涩感——品鉴风味的第四层次

咖啡入口后，我们除了感受酸甜苦咸的滋味外，还需用舌头来回滑过口腔与上颚，感受无香无味的滑顺感与涩感。基本上，黏稠度越明显，咖啡在口腔的滑顺感越佳。这是咖啡油脂、蛋白质与纤维等悬浮物营造的愉悦口感。至于涩感则是讨人厌的口感，最新研究发现咖啡的涩感由所含的绿原酸，经烘焙产生的苦涩降解物“二咖啡酰奎宁酸”造成的。采摘太多的未成熟咖啡果子，或浅焙时太急太快，咖啡很容易出现不讨好的涩感。

鼻腔香气——品鉴风味的第五层次

咖啡入口，感受咖啡四种滋味与黏稠感后，在吞下前和吞下后，会多一道闭口回气的动作，也就是徐徐呼气出鼻腔。多感受几回浅烘焙上扬的酸香与焦糖香，或深烘焙上扬的松脂与硫醇呛香，以体验鼻腔香气。

咖啡冲泡后，许多油溶性芳香分子困在咖啡油脂中并悬浮在咖啡液里，这些成分不溶于水，味蕾无法捕捉，不能形成滋味。一直到咖啡入口，它们才脱离油脂，在口腔里释放出来，再透过闭口回气，从鼻咽部进入鼻腔，由嗅觉细胞捕捉香气。善用闭口回气技巧或鼻后嗅觉，很容易鉴赏到更丰富的香气，尤其是鼻腔的焦糖甜香，更是迷人。

留香余韵——品鉴风味的第六层次

咖啡吞下回气后，如果能持续咀嚼与回气鼻腔，很容易感受到香气与滋味随着时间而变化，构成风味口鼻留香余韵，回味无穷。

03 一杯醇正的浓缩咖啡

刚开始，其实我也不喜欢喝浓缩咖啡，正如前面所述，因为它苦。但是，经过选择优质咖啡豆，选购上好的研磨机，练好过硬的萃取技术，加上我的耐心和细心。没想到，润滑、扑鼻、芳香、浓郁、令人回味无穷……各种优美的词用在上面都不为过。上佳的口感，朋友们不断点赞，“啊！味道好极了！”这是朋友们说得最多的一句话。这令我信心倍增。一名真正的咖啡师不就是要赢得赞美吗？我做到了，因此，这儿的每一款咖啡都是醇正的浓缩咖啡，一起领略和品尝吧！

冰卡布奇诺
Bing Kabu Qinuo

材料→

意式浓缩咖啡 60mL，牛奶、冰块、糖浆可可粉各适量。

工具→

拉花缸，海波杯，量杯，奶泡壶，撒粉器。

制作方法→

1. 准备适量冰块、牛奶、糖浆。
2. 将糖浆倒入牛奶中，并搅拌均匀。
3. 将牛奶倒入海波杯并加入适量冰块至七分满。
4. 在拉花缸中加入适量冰块，然后去接 60mL 浓缩咖啡。

步骤 1

步骤 2

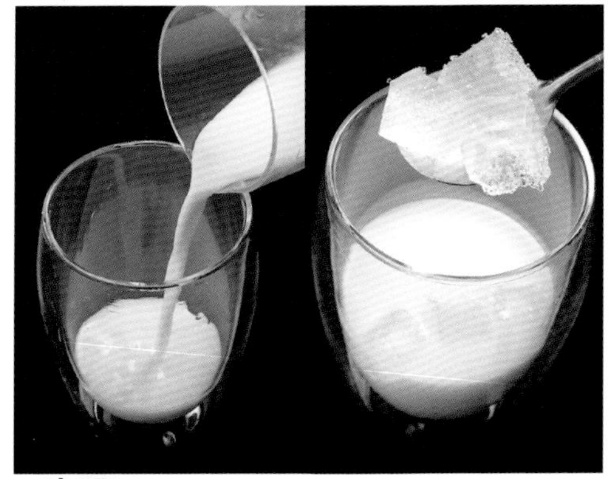

步骤 3

步骤 4

5. 将浓缩咖啡倒在海波杯的冰块上，形成黑白分明的两层。

6. 用奶泡壶打奶泡。

7. 用长匙舀奶泡放满咖啡液表面。

8. 在奶泡表面撒上可可粉。

9. 放上薄荷叶点缀即可。

步骤 5

步骤 6

步骤 7

步骤 8

步骤 9

棉花糖卡布奇诺
Mianhuatang Kabu Qinuo

步骤 1 步骤 2 步骤 3 步骤 4 步骤 5 步骤 6

材料→

意式浓缩咖啡 30mL，奶泡、棉花糖、可可粉各适量。

工具→

拉花缸，宽口咖啡杯，撒粉器。

制作方法→

1. 萃取 30mL 意式浓缩咖啡。
2. 用意式浓缩咖啡机打奶泡。
3. 将奶泡注入浓缩咖啡中至满。
4. 在咖啡表面放上棉花糖。
5. 撒上可可粉。
6. 甜蜜蜜的棉花糖卡布奇诺完成了。

卡布奇诺咖啡

Kabu Qinuo Kafei

材料→

意式浓缩咖啡 30mL，牛奶、可可粉各适量。

工具→

拉花缸，撒粉器，宽口咖啡杯。

制作方法→

1. 萃取一杯约 30mL 意式浓缩咖啡。
2. 准备好奶泡。
3. 在咖啡杯 1/3 处选点注入奶泡（在注入奶泡前一直晃动拉花缸，使奶泡充分旋转）。
4. 压低拉花缸，缸嘴紧贴咖啡杯口，保持奶泡流量并左右摇晃（目的是为了增加心形的层次感，左右晃动次数越多分层越多，摇晃时控制拉花流速以“Z”字形晃动，左右距离约 1cm，宜形成奶泡层次感）。
5. 随着拉花缸的持续晃动，心形不断增大，保持奶泡流量（晃动时拉花缸切忌往后退，否则油脂会自动形成圆形状）。

步骤 1　步骤 2

步骤 3　步骤 4　步骤 5

步骤 6

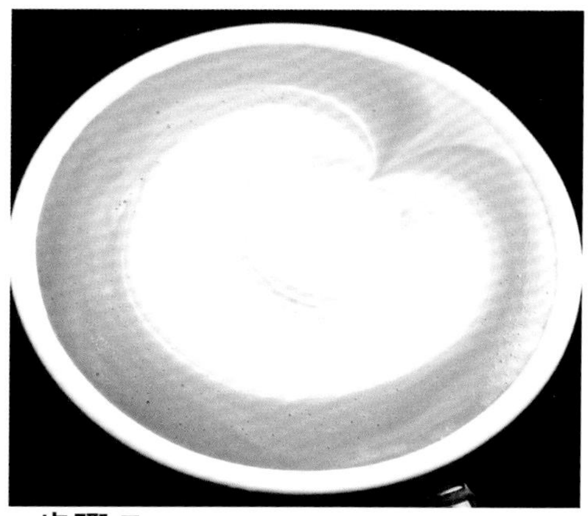

步骤 7

步骤 8

步骤 9

6. 待杯中奶泡注入约 8 分满时，准备提高拉花缸，同时减少奶泡注入量，快 9 分满时以小流量提高拉花缸，此时注入点成为心形的中心点，最后提高拉花缸并减少奶泡的流速和量，以小流量结束，形成完美心形。
7. 一杯标准的卡布奇诺咖啡必须使咖啡液高出杯口约 0.5cm，使其满而不溢，此时奶泡在咖啡杯中的厚度为 1~1.5cm。
8. 在心形处均匀地撒上可可粉。
9. 美味的卡布奇诺完成了。

拿铁咖啡

Natie Kafei

步骤 1　步骤 2　步骤 3

步骤 4　步骤 5　步骤 6

材料→

意式浓缩咖啡 30mL，牛奶适量。

工具→

拉花缸，宽口咖啡杯。

制作方法→

1. 准备好意式浓缩咖啡和奶泡，其中意式浓缩咖啡的量占咖啡杯的 1/4。
2. 咖啡杯倾斜 45°，提起拉花缸对准咖啡杯中间位置注入奶泡，使意式浓缩咖啡与牛奶泡充分融合，注入的时候在中心位置旋转。
3. 待咖啡杯中的量达到 40% 时停止融合。将拉花缸对准咖啡杯左侧，呈“之”字形注入奶泡，拉花缸晃动的幅度稍大一点，以便描绘出天鹅的身体。
4. 拉花缸对准天鹅身体的中间位置，左右小幅度摆动，以描绘天鹅的尾巴。
5. 拉花缸对准天鹅身体的前端，很小幅度地晃动缸杯描绘天鹅的头部，提高往外收尾。
6. 美丽的天鹅拿铁完成了。

冰香草拿铁

Bingxiangcao Natie

材料→

意式浓缩咖啡 60mL，牛奶、香草糖浆、冰块、薄荷叶各适量。

工具→

拉花缸，海波杯，量杯，盎司杯，长匙。

制作方法→

1. 准备适量的冰块、海波杯、牛奶和香草糖浆。
2. 将香草糖浆倒入牛奶中，并搅拌均匀。
3. 将牛奶倒入海波杯。
4. 在拉花缸中加入适量冰块。
5. 直接用拉花缸接 60mL 咖啡。
6. 在海波杯中的牛奶表面加满冰块。
7. 将咖啡慢慢倒入海波杯中，形成黑白分明的两层。
8. 放上薄荷叶点缀，充满香草味的冰拿铁更赏心悦目。

步骤 1　步骤 2　步骤 3　步骤 4　步骤 5　步骤 6　步骤 7　步骤 8

美式咖啡
Meishi Kafei

步骤 1

步骤 2

步骤 3

步骤 4

材料→

意式浓缩咖啡 30mL，热水 240mL。

工具→

宽口咖啡杯。

制作方法→

1. 在咖啡杯中加入 240mL 热水。
2. 将盛有热水的咖啡杯放至咖啡机喷口。
3. 往咖啡杯中萃取浓缩咖啡至满。
4. 咖啡表面留下油脂，香气鲜明。

冰美式

Bingmeishi

材料→

意式浓缩咖啡 60mL，冰块、常温饮用水、糖浆各适量。

工具→

雪克壶，盎司杯，海波杯，量杯。

制作方法→

1. 在雪克壶中装满冰块。
2. 直接用雪克壶萃取 30mL 意式浓缩咖啡。
3. 在雪克壶中加入常温饮用水至 9 分满。
4. 加入适量糖浆。
5. 盖上壶盖，充分摇晃雪克壶。
6. 在海波杯中加满冰块。
7. 将雪克壶中的冰咖啡倒入海波杯中。
8. 凉爽甘醇的冰美式咖啡完成了。

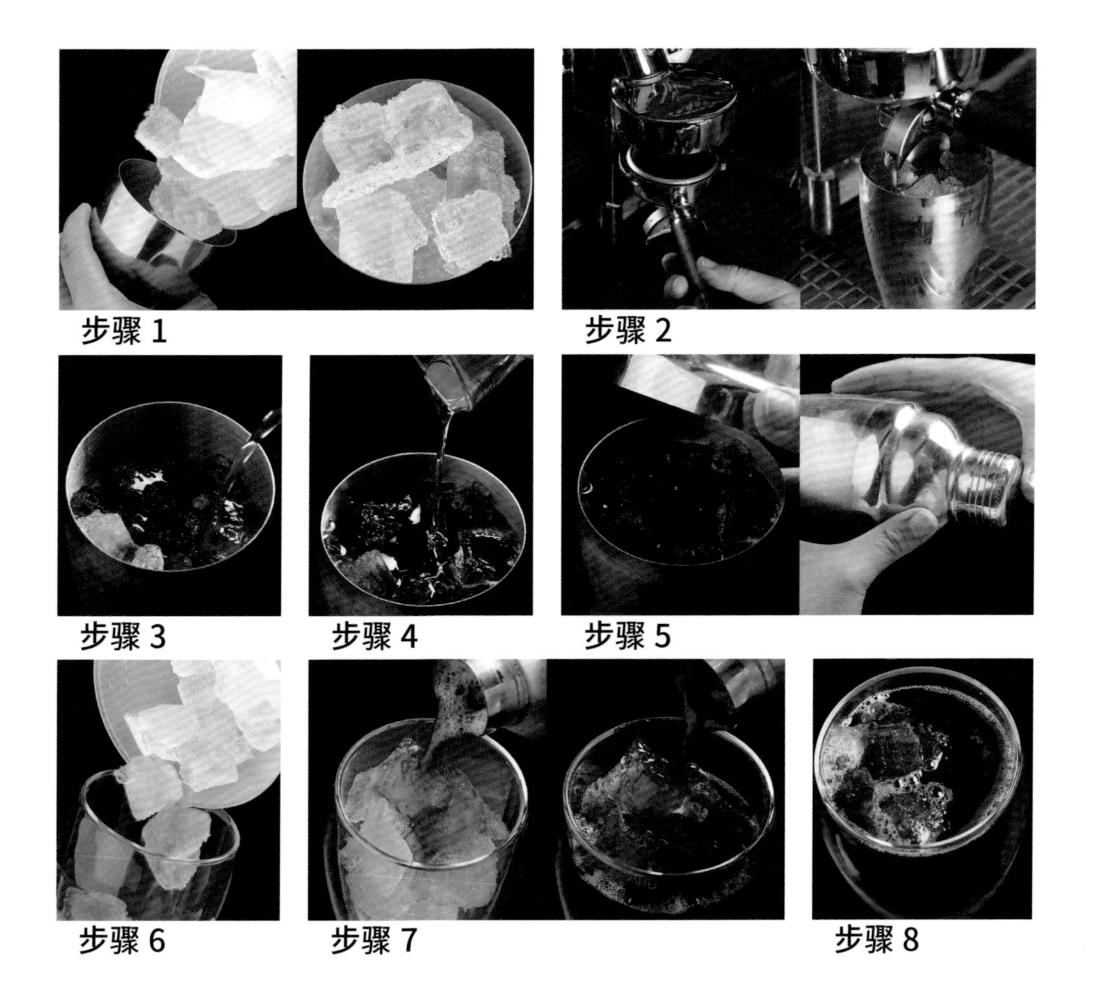

步骤 1 步骤 2 步骤 3 步骤 4 步骤 5 步骤 6 步骤 7 步骤 8

摩卡咖啡

Moka Kafei

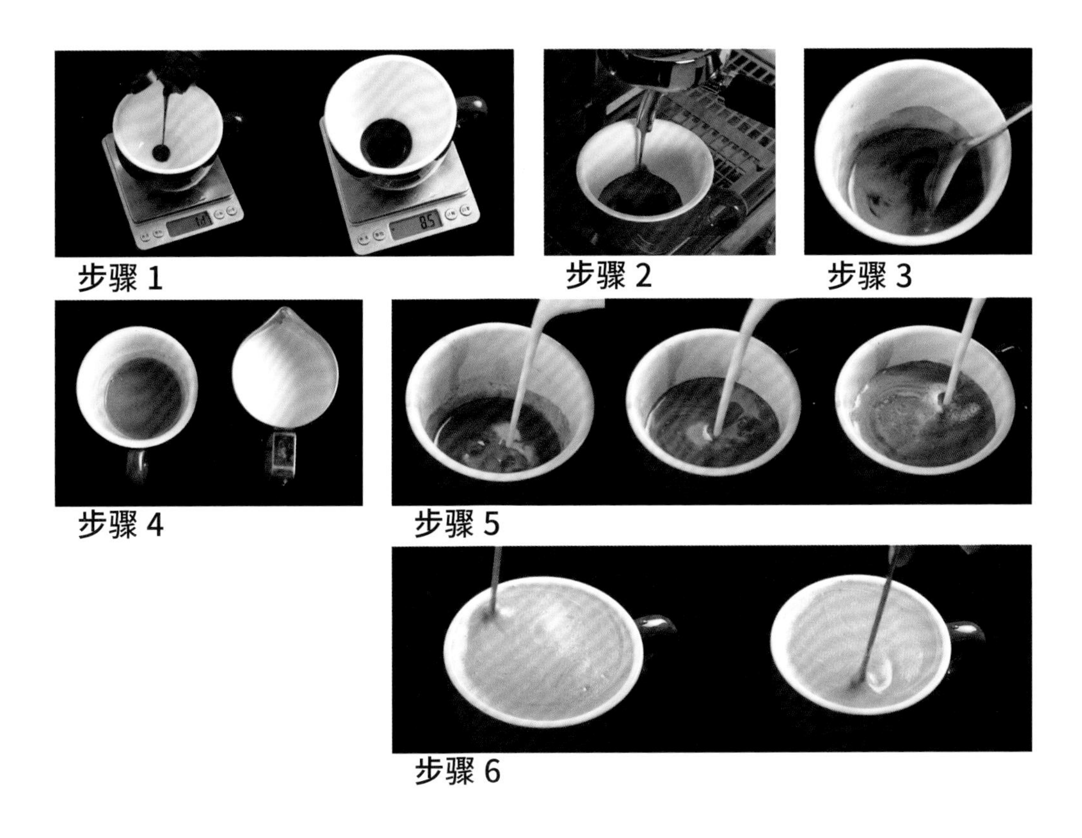

材料→

意式浓缩咖啡 30mL，牛奶适量，巧克力酱 8.5g。

工具→

拉花缸，宽口咖啡杯，长匙，电子秤，雕花针，裱花袋。

制作方法→

1. 在咖啡杯中倒入 8.5g 巧克力酱。
2. 萃取 30mL 浓缩咖啡。
3. 用长匙把咖啡与巧克力酱充分搅拌均匀。
4. 准备奶泡。
5. 将装有意式浓缩咖啡的咖啡杯置于桌面，往杯内注入奶泡进行混合直至填满杯（因混合巧克力酱后的咖啡油性较强，牛奶容易滑动，所以要尽可能地慢慢倒入）。
6. 满杯时，用雕花针将液面搅拌均匀。

步骤 7

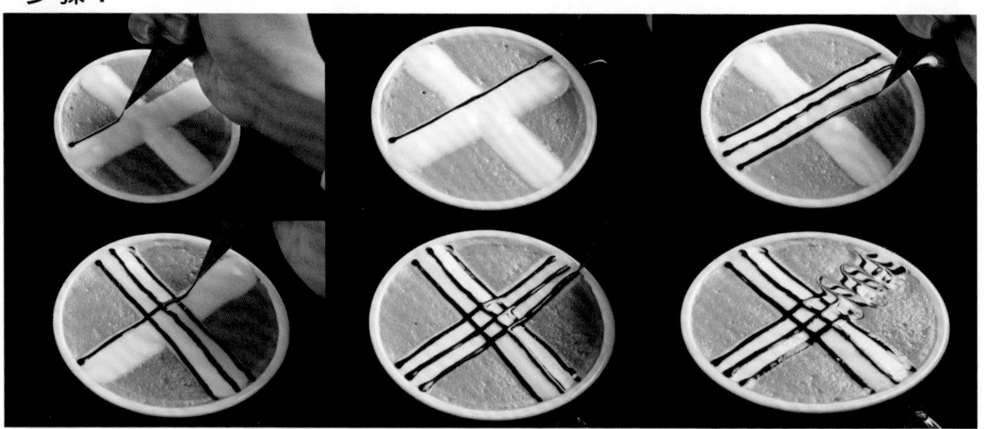

步骤 8

步骤 9

步骤 10

7. 用长匙从拉花缸中舀起奶泡，倒入咖啡液面，使之形成“十”字形图案。

8. 裱花袋中倒入巧克力酱，在两条“十”字形图案上分别注入巧克力酱。

9. 用雕花针从液面中央由里到外四个方向走“S”形，使图案更具动感。

10. 波光粼粼的摩卡完成了。

花式冰摩卡
Huashi Bingmoka

材料→

意式浓缩咖啡 60mL，巧克力酱 15g，牛奶、冰块、白糖浆各适量。

工具→

拉花缸，海波杯，裱花袋，电子秤，拉花针，盎司杯，雕花针。

制作方法→

1. 准备好牛奶、巧克力酱、白糖浆、冰块。
2. 在海波杯内倒入 15g 巧克力酱。
3. 在牛奶中加入适量白糖浆，并搅拌均匀。
4. 用长匙将搅拌好的牛奶引流到装有巧克力酱的海波杯中。
5. 拉花缸中加入适量冰块，再移至咖啡机萃取 60mL 浓缩咖啡。
6. 在牛奶表面中加满冰块，约 7 分满。

步骤 1　步骤 2　步骤 3　步骤 4　步骤 5　步骤 6

步骤 7

步骤 8

步骤 9

步骤 10

步骤 11

7. 将拉花缸中的浓缩咖啡倒在冰块上。
8. 用长匙舀奶泡放满咖啡液表面。
9. 用裱花袋装巧克力酱在奶泡表面画“弓”字形。
10. 用雕花针分别从“弓”字形一端画至另一端，形成两株植物。
11. 栩栩如生的花式冰摩卡完成了。

山丘冰摩卡

Shangqiu Bingmoka

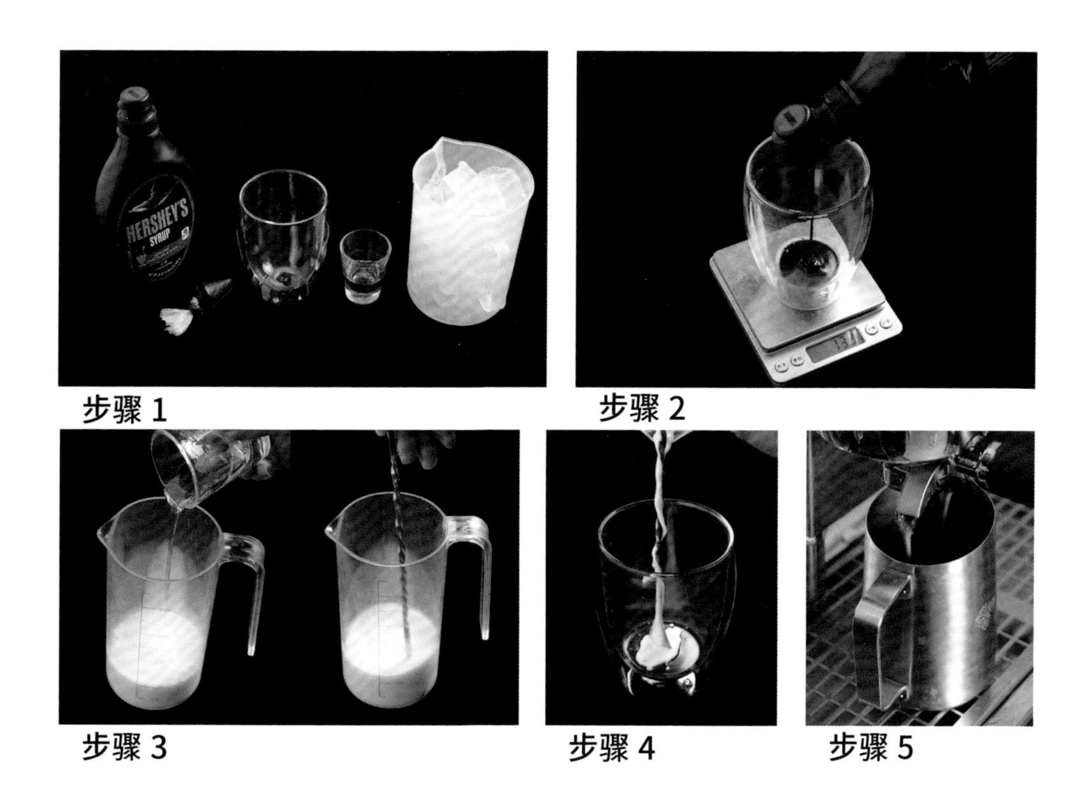

步骤 1　步骤 2　步骤 3　步骤 4　步骤 5

材料→

意式浓缩咖啡 60mL，牛奶适量，奶油适量，冰块适量，巧克力酱 15g，白糖浆适量，薄荷叶 1 片。

工具→

拉花缸，海波杯，裱花袋，电子秤，量杯，裱花嘴，长匙。

制作方法→

1. 准备好牛奶、巧克力酱、白糖浆、冰块。
2. 在海波杯内倒入 15g 巧克力酱。
3. 在牛奶中加入适量白糖浆，并搅拌均匀。
4. 用长匙将搅拌好的牛奶引流到装有巧克力酱的海波杯中。
5. 拉花缸中加入适量冰块，用拉花缸萃取 60mL 咖啡。

步骤 6

步骤 7

步骤 8

步骤 9

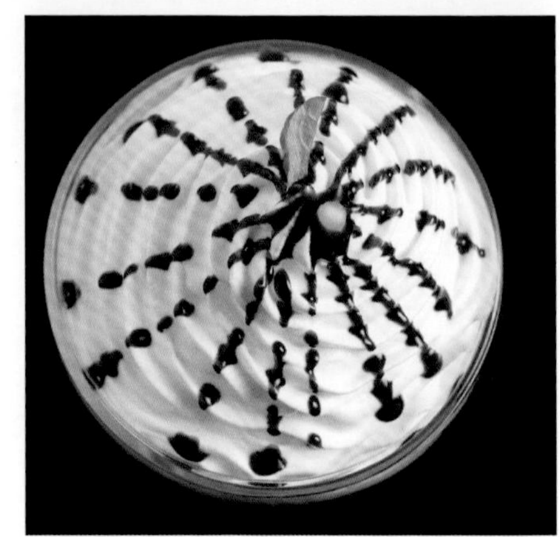

步骤 10

6. 在牛奶表面中加满冰块，约 7 分满。
7. 将拉花缸中的浓缩咖啡倒在冰块上。
8. 用装有奶油裱花袋在咖啡表面挤成一个“小山丘”。
9. 用裱花袋装巧克力酱在奶油表面画伞形图案。
10. 在“山顶”插上一片薄荷叶即可。

摩卡冰激凌
Moka Bingjiling

材料→

意式浓缩咖啡 60mL，牛奶、巧克力酱各 15g，冰激凌球 2 个（各 50 克）。

工具→

拉花缸，爱尔兰咖啡杯，电子秤，长匙，裱花袋，雪糕挖勺。

制作方法→

1. 往爱尔兰咖啡杯中倒入适量牛奶。
2. 将装有牛奶的咖啡杯置于电子称上，再往里加入巧克力酱。
3. 往拉花缸中加入冰块。
4. 用拉花缸萃取 60mL 浓缩咖啡。
5. 将混合冰块后的咖啡倒入爱尔兰咖啡杯中。
6. 用长匙将混合物搅拌均匀。
7. 加入冰块。
8. 在咖啡表面放上 2 个冰激凌球。
9. 用裱花袋装巧克力酱，并挤在冰激凌球上形成“条纹”图案即可。

意大利冰激凌咖啡
Yidali Bingjiling Kafei

材料→

意式浓缩咖啡 60mL，冰激凌球 3 个，可可粉、抹茶粉各适量。

工具→

柯林杯，撒粉器。

制作方法→

1. 在柯林杯中放入 3 个冰激凌球。
2. 将 60mL 浓缩咖啡倒入冰激凌杯。
3. 撒上抹茶粉。
4. 撒上可可粉。
5. 解暑佳品——意大利冰激凌咖啡制作完成。

步骤 1　步骤 2　步骤 3　步骤 4　步骤 5

焦糖玛奇朵
Jiaotang Magiduo

步骤 1　步骤 2　步骤 3　步骤 4　步骤 5　步骤 6

材料→

意式浓缩咖啡 30mL，牛奶适量，焦糖糖浆 15g。

工具→

拉花缸，宽口咖啡杯，长匙，裱花袋。

制作方法→

1. 在杯中倒入 15g 焦糖糖浆。
2. 咖啡杯置于咖啡机上，萃取 30mL 浓缩咖啡。
3. 从咖啡杯中倒入打好的奶泡，倒入时旋转拉花缸，以便奶泡与浓缩咖啡充分融合。
4. 用长匙盛奶泡在咖啡液面中央画一个圆。
5. 用裱花袋装焦糖糖浆在圆形奶泡上画网状图案装饰。
6. 充满柔软泡沫的焦糖玛奇朵完成了。

冰玛奇朵
Bingmaqiduo

材料→

意式浓缩咖啡 60mL，牛奶、冰块、焦糖糖浆、焦糖浆各适量。

工具→

长匙，拉花缸，雕花针，海波杯，奶泡壶，裱花袋，电子秤。

制作方法→

1. 准备牛奶、焦糖糖浆等。
2. 在牛奶中加入适量焦糖糖浆，并搅拌均匀。
3. 将牛奶倒入海波杯。
4. 拉花缸中加入冰块，然后萃取 60mL 浓缩咖啡。
5. 在海波杯的牛奶上放满冰块。
6. 将浓缩咖啡倒在海波杯的冰块上，形成黑白分明的两层。

步骤 1

步骤 2

步骤 3

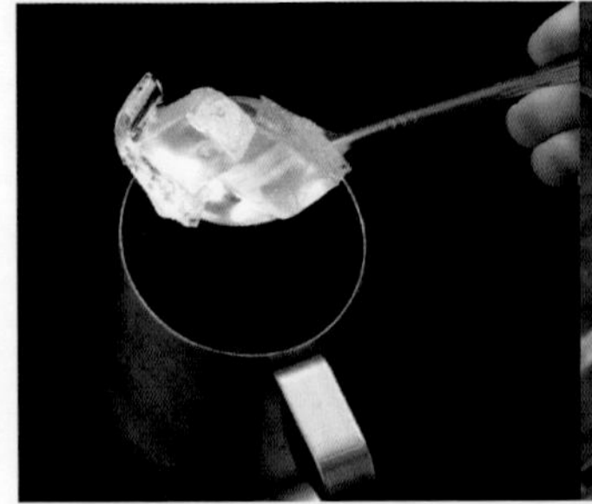

步骤 4

步骤 5

步骤 6

步骤 7

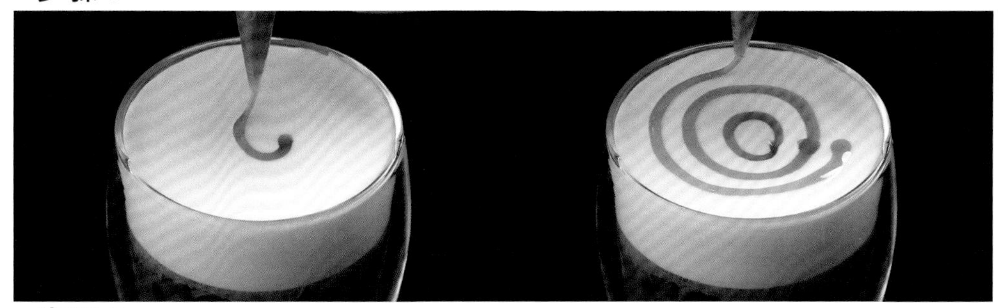

步骤 8

步骤 9

步骤 10

7. 用长匙舀奶泡铺满咖啡液表面。

8. 用裱花袋装焦糖浆在牛奶泡上画同心圆图案。

9. 用雕花针在最里面的圆中心蘸取少量焦糖浆，从咖啡杯边缘往液面中心的圆心划去，并使形成的图案对称。

10. 漂亮的冰玛奇朵完成了。

维也纳
Weiyena

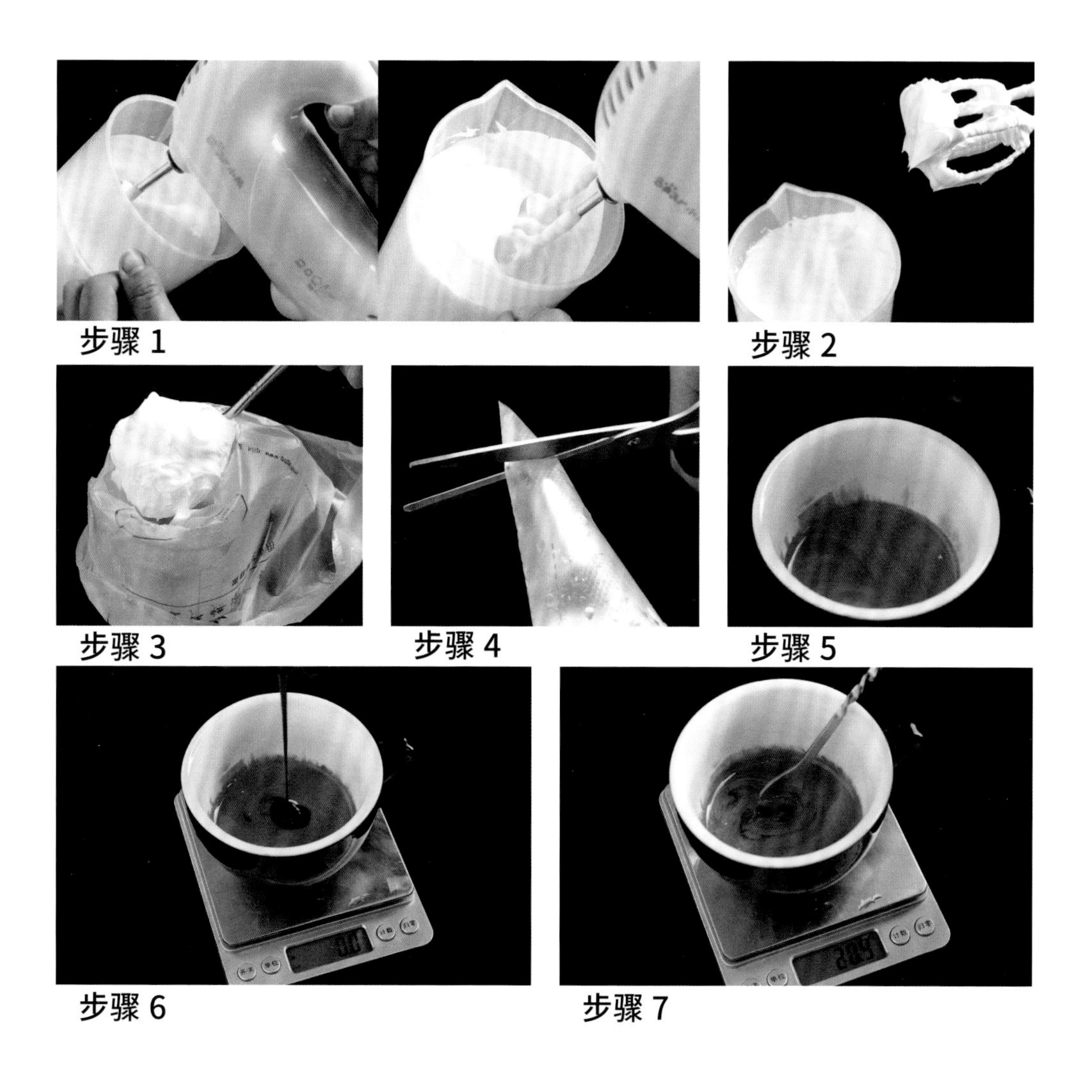

材料→

意式浓缩咖啡 30mL，巧克力酱 20g，奶油、奥利奥饼干碎各适量，薄荷叶 1 片。

工具→

宽口咖啡杯，裱花袋，裱花嘴，电动打蛋器，电子秤，长匙。

制作方法→

1. 用电动打蛋器搅打奶油。
2. 搅打奶油至出现清晰、硬挺的纹路，提起打蛋头，会拉出硬挺的小尖角。
3. 将打好的奶油装入装裱花嘴的裱花袋里。
4. 在裱花袋底端剪出一个口。
5. 萃取 30mL 浓缩咖啡。
6. 在咖啡中加入 20g 巧克力酱。
7. 用长匙将杯内巧克力酱搅至溶化

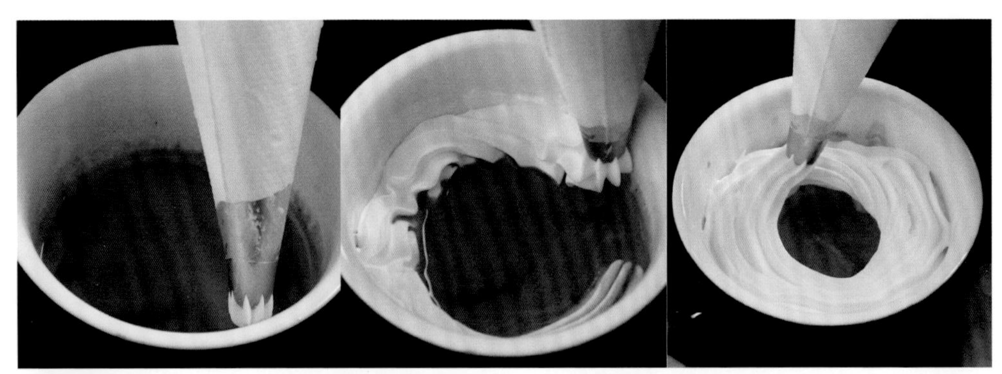

步骤 8

步骤 9

步骤 11

步骤 10

8. 在咖啡液表面沿着杯壁由外向中心旋转式挤上奶油。

9. 待咖啡表面挤满奶油，拉起一个小尖儿。

10. 在奶油表面撒上些许奥利奥饼干碎。

11. 在奶油尖儿处插上 1 朵小薄荷装饰即可。

维也纳咖啡

Weiyena Kafei

材料→

意式浓缩咖啡 30mL，牛奶、奶油各适量，七彩米。

工具→

宽口咖啡杯，裱花袋，裱花嘴，量壶，长匙。

制作方法→

1. 准备好器具。
2. 将牛奶倒入萃取好的30mL浓缩咖啡中。
3. 将奶油放入装有花嘴的裱花袋中，并以旋转式挤在咖啡液面。
4. 待表面形成山峰形状。
5. 在奶油表面撒上七彩米装饰即可。

步骤 1

步骤 2

步骤 3

步骤 4

步骤 5

法布芮
Faburui

步骤 1

步骤 2

步骤 3

步骤 4

步骤 5

材料→

意式浓缩咖啡 30mL，奶油适量，糖浆 10mL，巧克力酱适量，薄荷叶 1 片。

工具→

量杯，马提尼杯，裱花袋，裱花嘴。

制作方法→

1. 在马提尼杯中倒入 30mL 浓缩咖啡。
2. 加入 10mL 糖浆，并充分搅拌。
3. 用裱花袋将打好的奶油挤在咖啡液面，形成一个螺旋小山丘。
4. 用裱花袋装巧克力酱在奶油表面画伞形图案。
5. 在“山顶”插上 1 片薄荷叶即成为清新的法布芮咖啡。

雪克罗多
Xuekeluoduo

材料→

意式浓缩咖啡 60mL，牛奶适量，冰块适量。

工具→

雪克壶，香槟杯。

制作方法→

1. 准备冰块、雪克壶、香槟杯等。
2. 在雪克壶中加入约 7 成冰块。
3. 直接用雪克壶萃取 60mL 浓缩咖啡。
4. 盖上雪克壶盖子，充分摇晃。
5. 把咖啡倒入香槟杯中。
6. 充满泡沫的雪克罗多完成了。

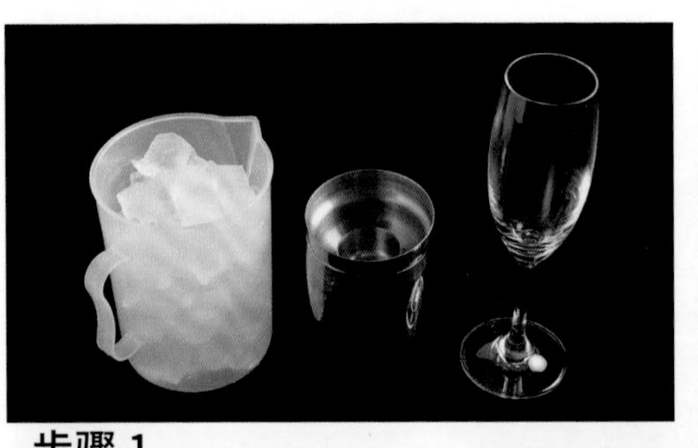

步骤 1

步骤 2

步骤 3

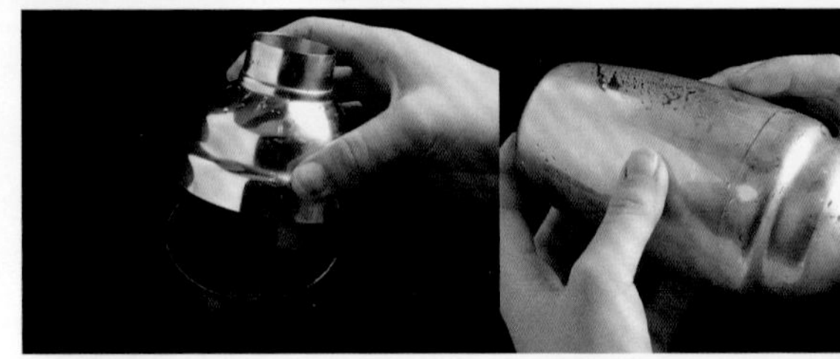

步骤 4

步骤 5

步骤 6

康宝蓝
Kangbaolan

步骤 1　　步骤 2

步骤 3

步骤 4

步骤 5

材料→

意式浓缩咖啡 60mL，奶油适量。

工具→

电动打蛋器，宽口咖啡杯，长匙，雕花针。

制作方法→

1. 用电动打蛋器打发奶油。
2. 萃取 60mL 浓缩咖啡。
3. 用长匙将奶油舀到咖啡液面中央，形成一个大圆，并用雕花针将奶油搅匀。
4. 用雕花针沿着液面边缘画波浪条，形成锯齿图案。
5. 用雕花针蘸取咖啡液在奶油上画上笑脸。

阳光咖啡

Yangguang Kafei

材料→

意式浓缩咖啡 60mL，冰块适量，奶油适量，柚子蜜 50g，蜂蜜适量。

工具→

拉花缸，香槟杯，电子秤，裱花袋，长匙，裱花嘴。

制作方法→

1. 准备好器具和材料。
2. 在香槟杯中放入柚子蜜。
3. 在拉花缸中加入适量冰块。
4. 用拉花缸萃取 60mL 浓缩咖啡。
5. 将浓缩咖啡缓缓倒入香槟杯，形成上下两层。

步骤 1　步骤 2　步骤 3

步骤 4　步骤 5

6. 在香槟杯中咖啡液面放入冰块。

7. 裱花袋先放入裱花嘴，再放入打发好的奶油。

8. 在裱花袋尖剪出一个口子，装上裱花嘴。

9. 将奶油以旋转方式挤入香槟杯。

10. 在奶油上面淋上蜂蜜。

11. 洒满阳光的咖啡完成了。

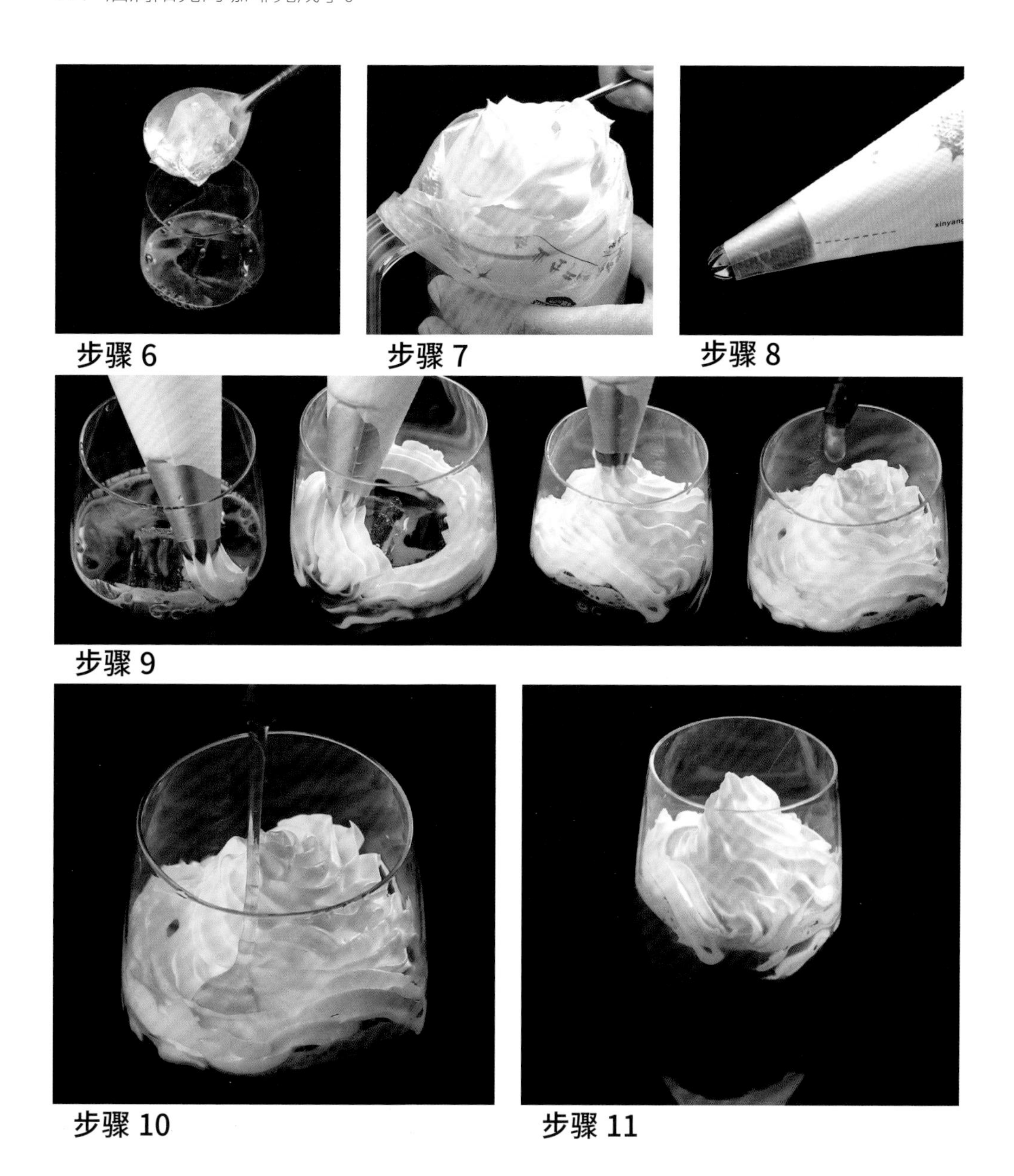

步骤 6　步骤 7　步骤 8

步骤 9

步骤 10　步骤 11

亚历山大大帝

Yalishanda Dadi

步骤 1

步骤 2

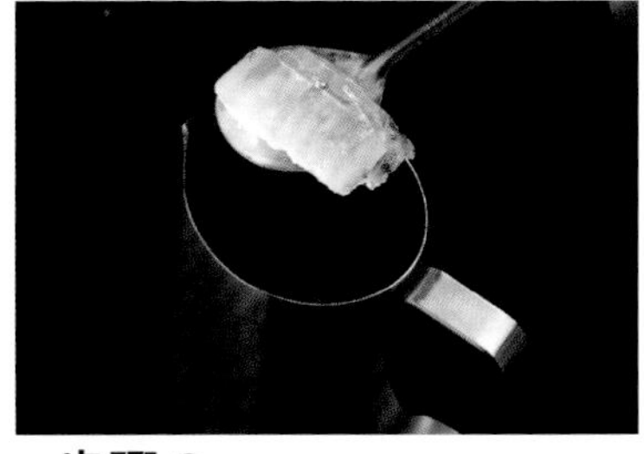

步骤 3

步骤 4

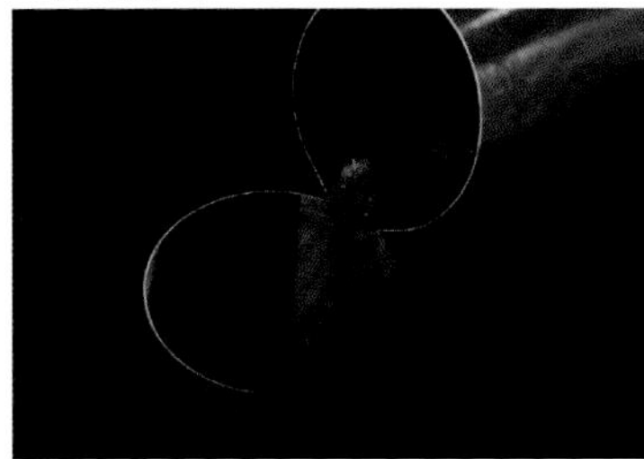

步骤 5

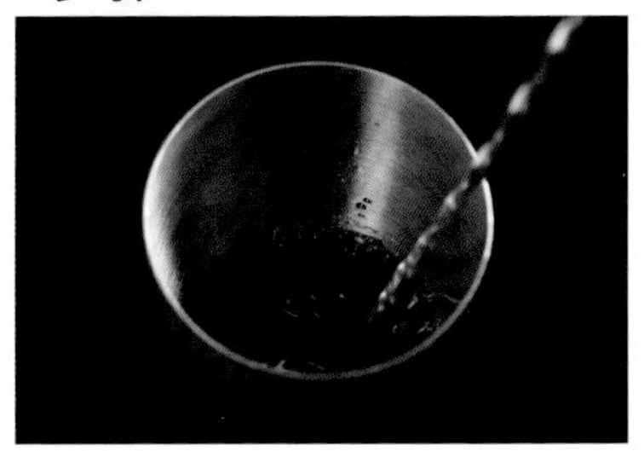

步骤 6

材料→

意式浓缩咖啡 60mL，冰块适量，牛奶适量，朗姆酒、白砂糖各适量，柠檬片。

工具→

马提尼杯，雪克壶，量杯，长匙。

制作方法→

1. 准备好器具和材料。
2. 将白砂糖倒入雪克壶。
3. 将冰块放入拉花缸。
4. 用拉花缸萃取 60mL 浓缩咖啡。
5. 将浓缩咖啡冰块倒入雪克壶。
6. 将雪克壶中的混合物搅拌均匀。

步骤 7

步骤 8

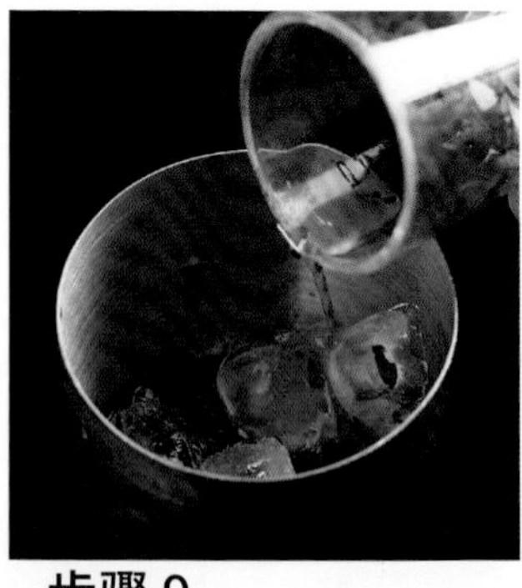

步骤 9

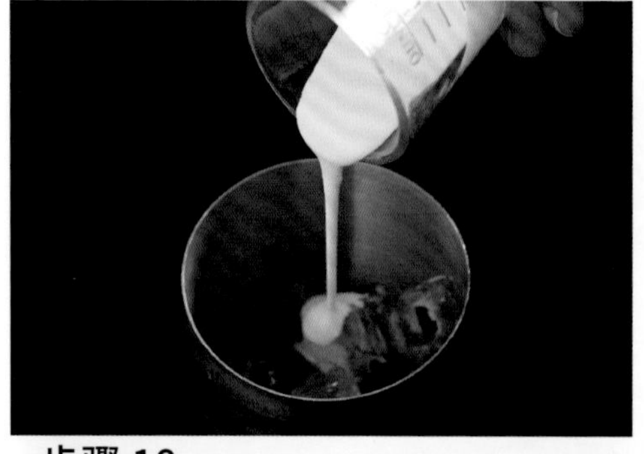

步骤 10

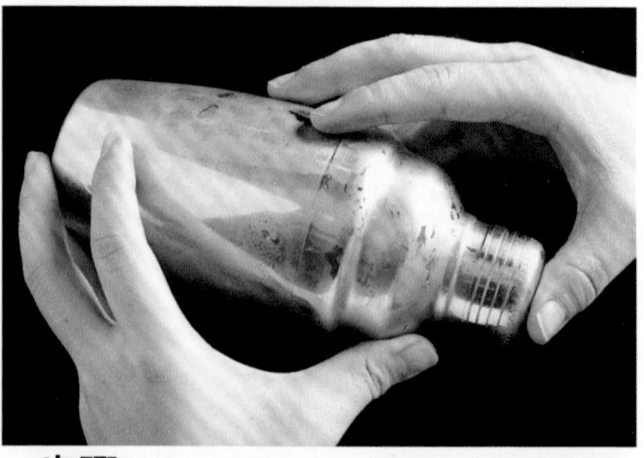

步骤 11

步骤 12

步骤 13

7. 往雪克壶中加入适量朗姆酒。

8. 继续往雪克壶中加入冰块。

9. 继续往雪克壶中加入朗姆酒。

10. 继续往雪克壶中加入牛奶。

11. 将雪克壶盖上盖子，并充分摇晃。

12. 用过滤器把冰块虑掉，只把咖啡倒入杯中。

13. 待满杯后，放上柠檬片装饰即可。

利口酒咖啡
Likoujiu Kafei

材料→

意式浓缩咖啡 60mL，冰块，牛奶、利口酒、白砂糖各适量。

工具→

雪糕杯，量杯，拉花缸，匙。

制作方法→

1. 准备好器具。
2. 将白砂糖倒入雪糕杯中。
3. 在雪糕杯中再加入适量利口酒。
4. 继续往雪糕杯中加入冰块。
5. 在拉花缸中加入冰块。
6. 用拉花缸萃取 60mL 浓缩咖啡。
7. 将咖啡倒入雪糕杯中，冰块需凸出咖啡液面。
8. 将牛奶倒在雪糕杯最上面的冰块上即可。

步骤 1 步骤 2 步骤 3 步骤 4 步骤 5 步骤 6 步骤 7 步骤 8

摩洛哥咖啡
Moluoge Kafei

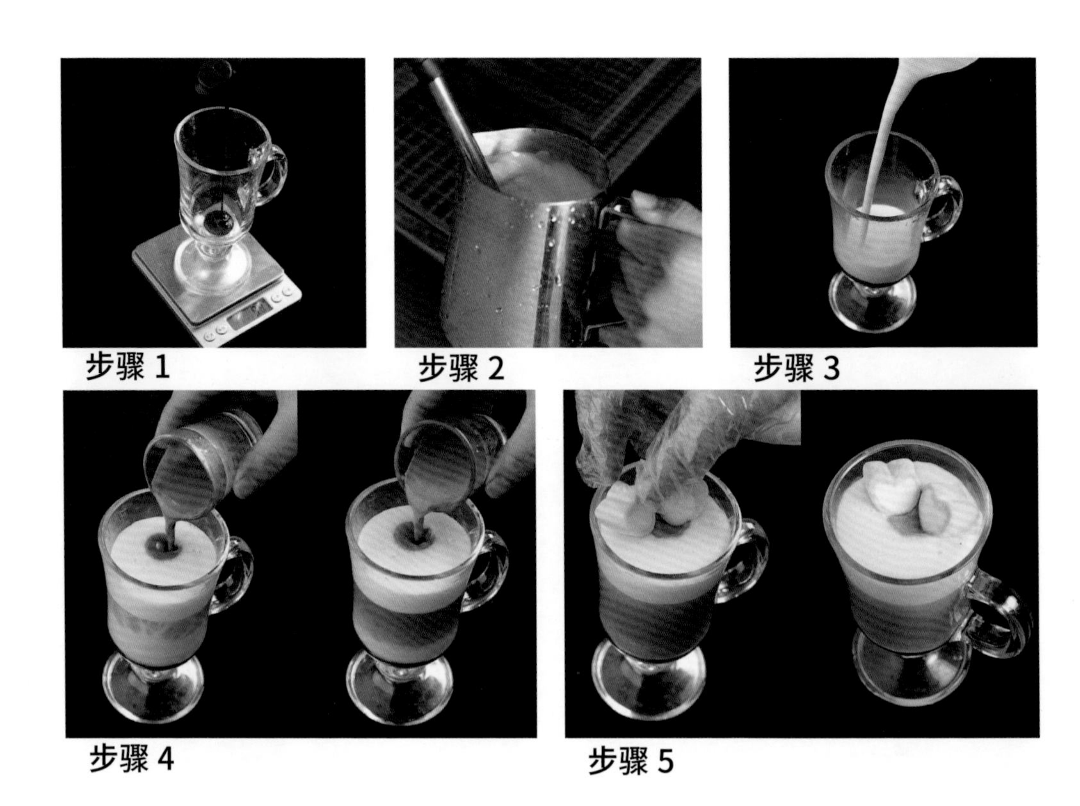
步骤 1
步骤 2
步骤 3
步骤 4
步骤 5

材料→

意式浓缩咖啡 30mL，巧克力酱 15g，牛奶适量，“心”形棉花糖。

工具→

拉花缸，爱尔兰咖啡杯，量杯，电子秤。

制作方法→

1. 在爱尔兰咖啡杯中倒入 15g 巧克力酱。
2. 用拉花缸打奶泡。
3. 将牛奶泡倒入爱尔兰咖啡杯，约 8 分满。
4. 将 30mL 浓缩咖啡从奶泡中心倒入杯中，使咖啡液在杯子中层。
5. 放上两颗“心”形棉花糖装饰即可。

脆谷乐咖啡

Cuigule Kafei

材料→

意式浓缩咖啡 30mL，牛奶、脆谷乐各适量。

工具→

宽口咖啡杯，量杯，拉花缸。

制作方法→

1. 用咖啡杯萃取 30mL 浓缩咖啡。
2. 咖啡杯倾斜 45°，拉花罐往液面（浓缩咖啡）中心开始注入奶泡奶泡进行融合，融合至杯子 4 分满 压住浮起的泡沫，使其一起卷入咖啡里。
3. 保持注入液面中央位置，后推式注入牛奶泡，推开泡沫的逆流，使其向上膨胀起来，慢慢地把杯子放平。
4. 杯子盛满后，慢慢拿起拉花缸，横断泡沫上的圆。到泡沫和油沫的边缘后立起拉花缸形成“心”形图案。
5. 绕着“心”形团在咖啡表面放上脆谷乐即可。

步骤 1 步骤 2 步骤 3 步骤 4 步骤 5

水中花
Shuizhonghua

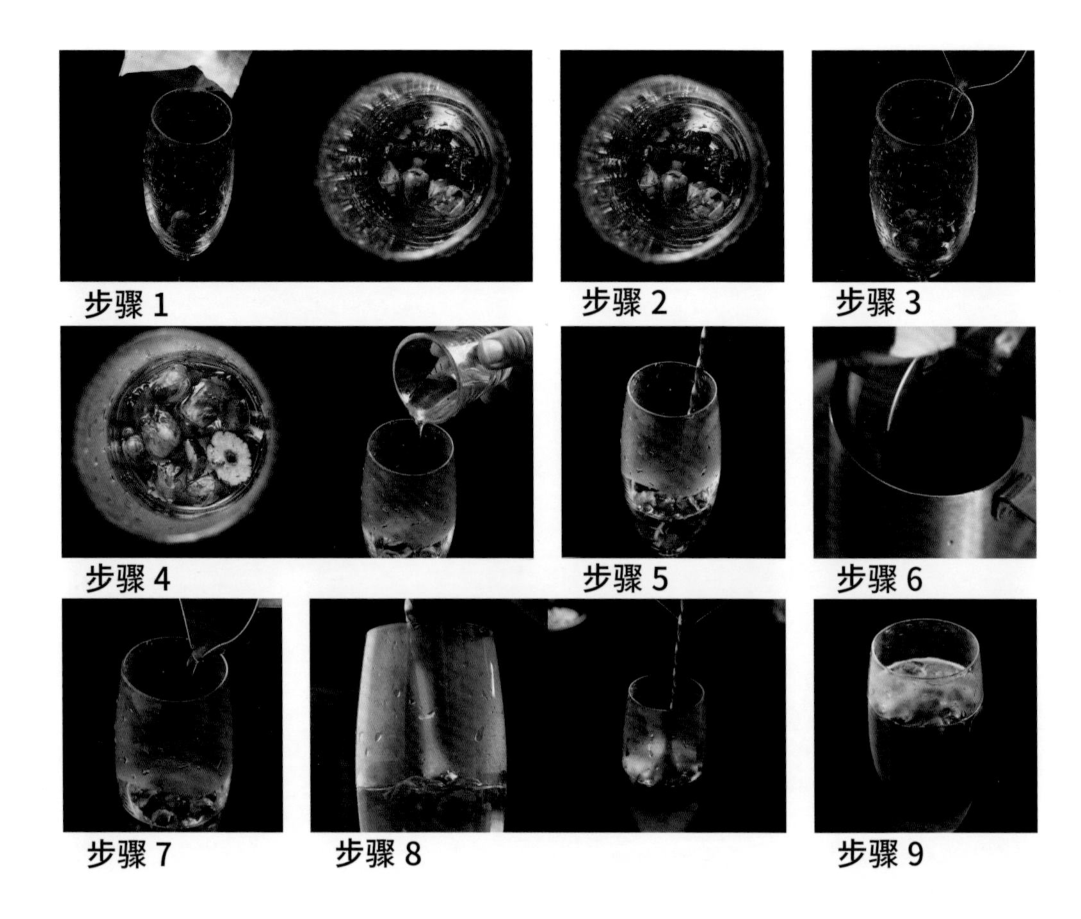
步骤 1　步骤 2　步骤 3　步骤 4　步骤 5　步骤 6　步骤 7　步骤 8　步骤 9

材料→

意式浓缩咖啡 60mL，玫瑰花、红枣片、热水、白糖浆各适量。

工具→

拉花缸，香槟杯，长匙。

制作方法→

1. 在香槟杯中加入玫瑰花。
2. 继续往香槟杯中加入红枣片。
3. 在香槟杯中倒入热水。
4. 待浸泡出味，加入白糖浆。
5. 用长匙搅拌均匀。
6. 拉花缸加入适量冰块，用拉花缸萃取 60mL 浓缩咖啡。
7. 继续往香槟杯中加入热水至半杯。
8. 用长匙放入杯中的花下方，将浓缩咖啡引流到香槟杯中。
9. 层次分明的水中花完成了。

百香果咖啡
Baixiangguo Kafei

材料→

意式浓缩咖啡60mL，牛奶、冰块、百香果酱、白糖浆各适量。

工具→

雪克壶，海波杯，量杯，量壶，匙。

制作方法→

1. 准备好器具和材料。
2. 往雪克壶中加入冰块。
3. 用雪克壶萃取 60mL 浓缩咖啡。
4. 往雪克壶中加入白糖浆。
5. 往雪克壶中加入百香果酱。
6. 将雪克壶盖上盖子，并充分摇晃。
7. 在海波杯中加入冰块，约 8 成满。
8. 将冰块、咖啡、百香果酱等混合后倒入装有冰块的海波杯中。
9. 将牛奶缓缓浇在海波杯的冰块上。
10. 酸甜可口的百香果咖啡即成。

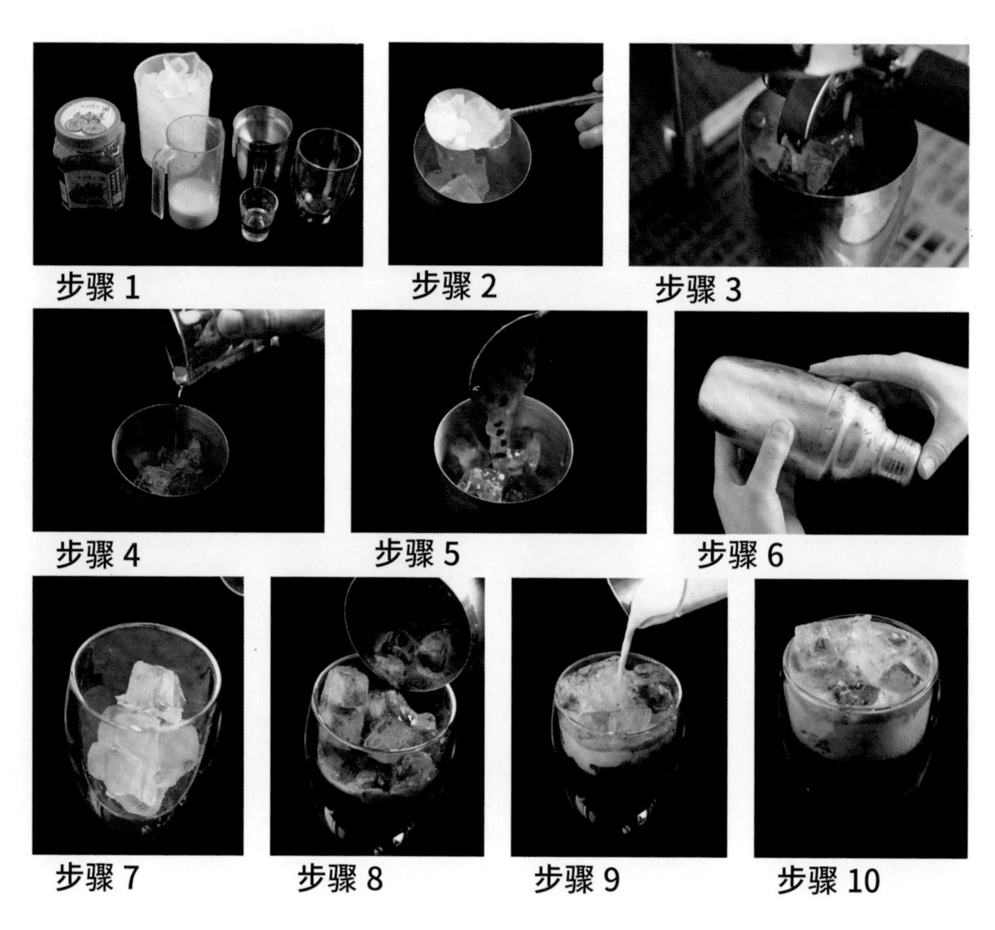

步骤 1　步骤 2　步骤 3

步骤 4　步骤 5　步骤 6

步骤 7　步骤 8　步骤 9　步骤 10

柠檬咖啡
Ningmeng Kafei

步骤 1

步骤 2

步骤 3

步骤 4

步骤 5

步骤 6

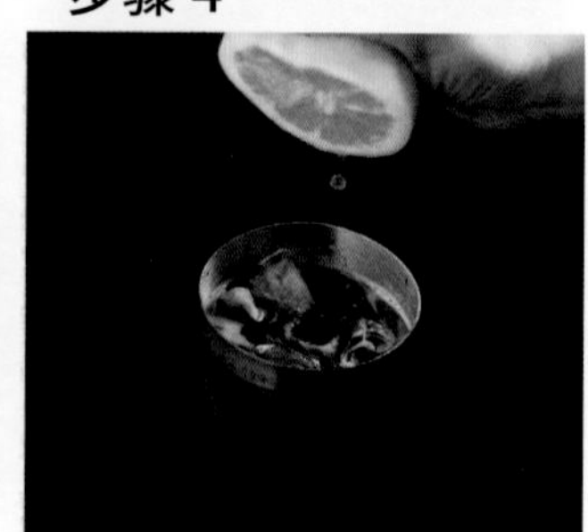

步骤 7

材料→

意式浓缩咖啡 60mL，柠檬，白糖浆适量，常温饮用水适量。

工具→

雪克壶，奶昔杯，量杯，长匙。

制作方法→

1. 准备好冰块、糖浆、柠檬、雪克壶等。
2. 将新鲜柠檬片放入奶昔杯。
3. 在雪克壶中加入冰块。
4. 继续往雪克杯中加入白糖浆。
5. 雪克壶萃取 60mL 咖啡。
6. 在雪克杯中加入常温饮用水。
7. 往雪克杯中挤入新鲜柠檬汁。

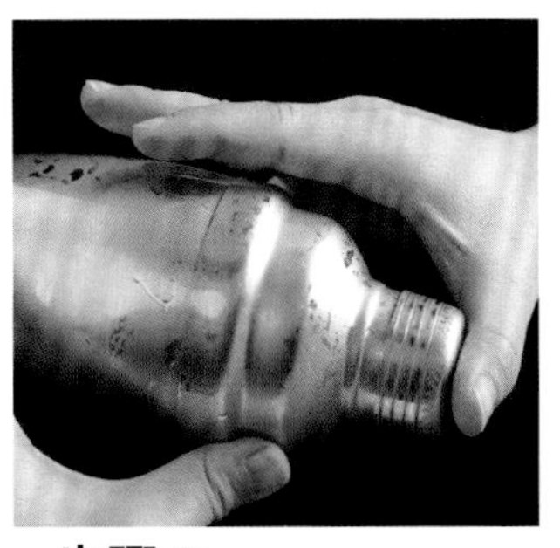

步骤 8

步骤 9

步骤 10

步骤 11

8. 将雪克壶盖上盖子，并充分摇晃。

9. 将咖啡倒入奶昔杯中。

10. 杯子中加入冰块。

11. 放上柠檬片装饰即可。

3D 微笑猫咖啡

3D Weixiaomao Kafei

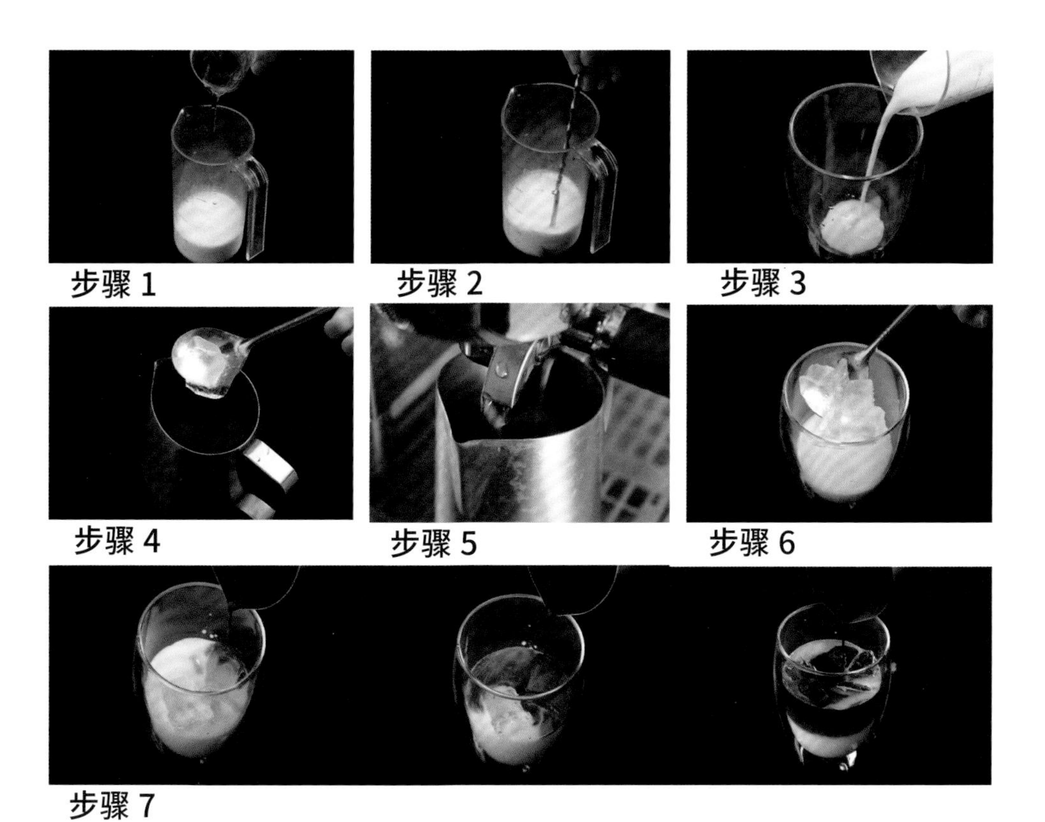

材料→

意式浓缩咖啡 60mL，牛奶、白糖浆、冰块、巧克力酱各适量。

工具→

海波杯，奶泡壶，量壶，量杯，长匙，拉花缸，雕花针，裱花袋。

制作方法→

1. 在牛奶中加入白糖浆。
2. 用长匙搅拌均匀。
3. 将牛奶倒入海波杯。
4. 在拉花缸中加入冰块。
5. 用拉花缸萃取 60mL 咖啡。
6. 在海波杯中加入冰块，铺满液面。
7. 把拉花缸缸嘴抵在杯沿，将萃取的浓缩咖啡缓缓注入海波杯中的冰块上形成黑白分明的两层。

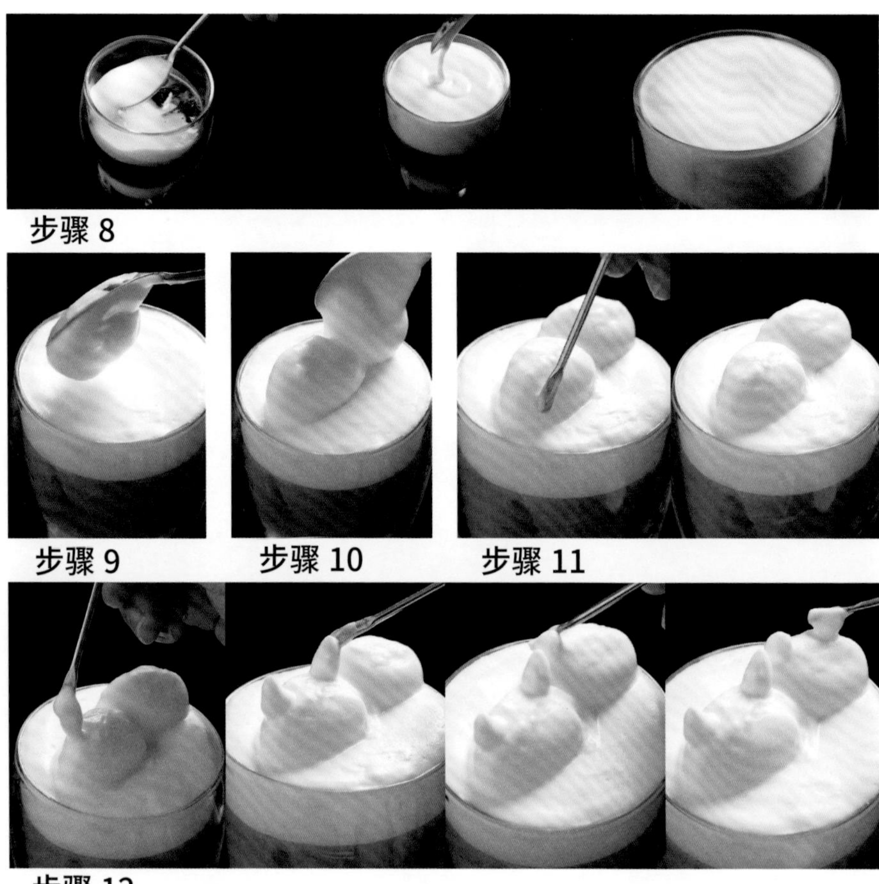

步骤 8

步骤 9　步骤 10　步骤 11

步骤 12

8. 用长匙将打好的奶泡放到咖啡液面，直到满杯，并弄平整。

9. 用长匙将奶泡堆在奶泡表面，为其中一只猫的头。

10. 用勺子盛奶泡堆出另一只猫的头。

11. 用雕花针调整好两只猫的头形。

12. 用雕花针盛奶泡堆出猫的耳朵。

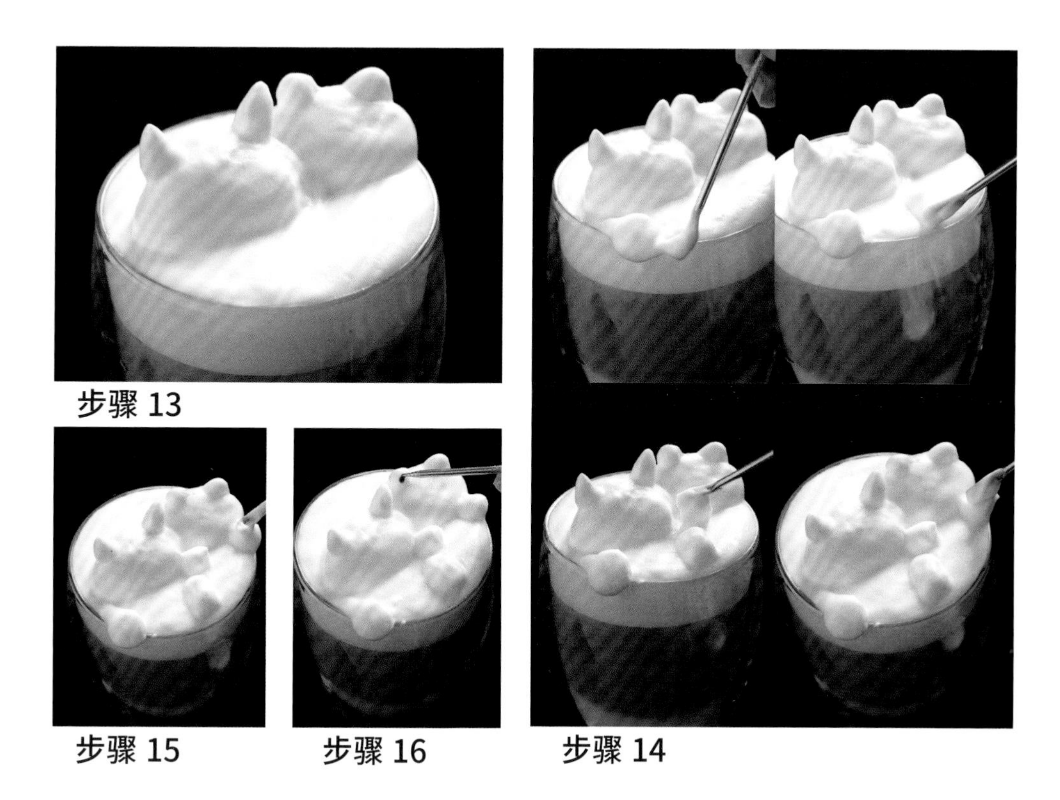

步骤 13

步骤 15

步骤 16

步骤 14

13. 两只猫的耳朵如图。

14. 用雕花针盛奶泡构造出猫的手。

15. 两只猫的手如图。

16. 用雕花针蘸巧克力酱在耳朵上画上圆点，使其更加立体。

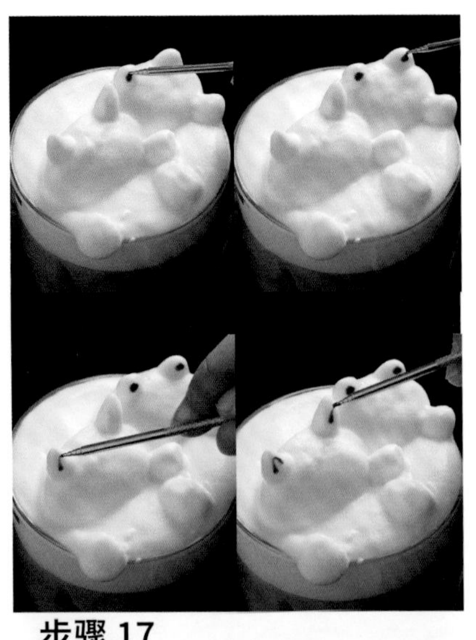

步骤 17

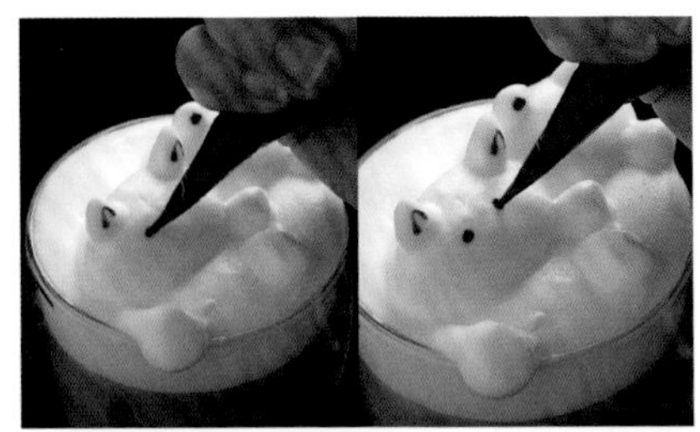

步骤 18

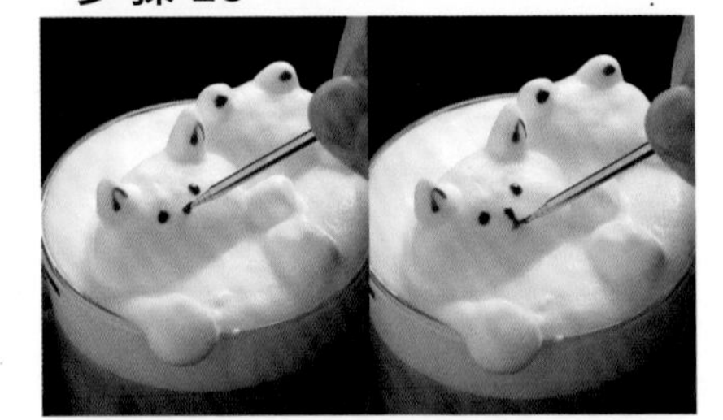

步骤 19

步骤 20

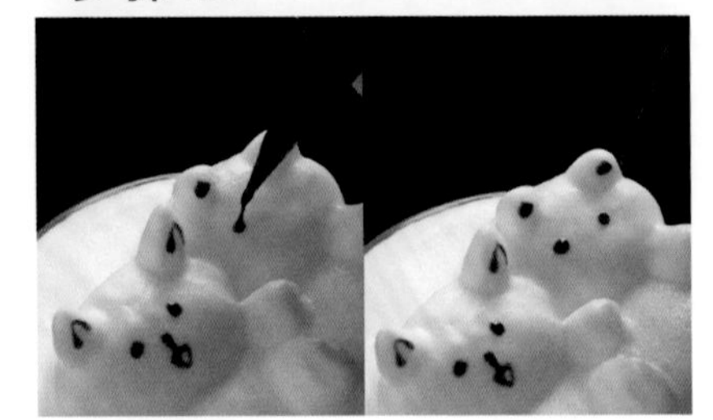

步骤 21

17. 用拉花针蘸取巧克力酱，在猫耳朵处上色。

18. 用裱花袋装巧克力酱，画出猫的眼睛。

19. 用拉花针蘸取巧克力酱勾勒出鼻子。

20. 用雕花针蘸巧克力酱勾勒出圆形的嘴巴。

21. 用裱花袋装巧克力酱，画出另一只猫的眼睛。

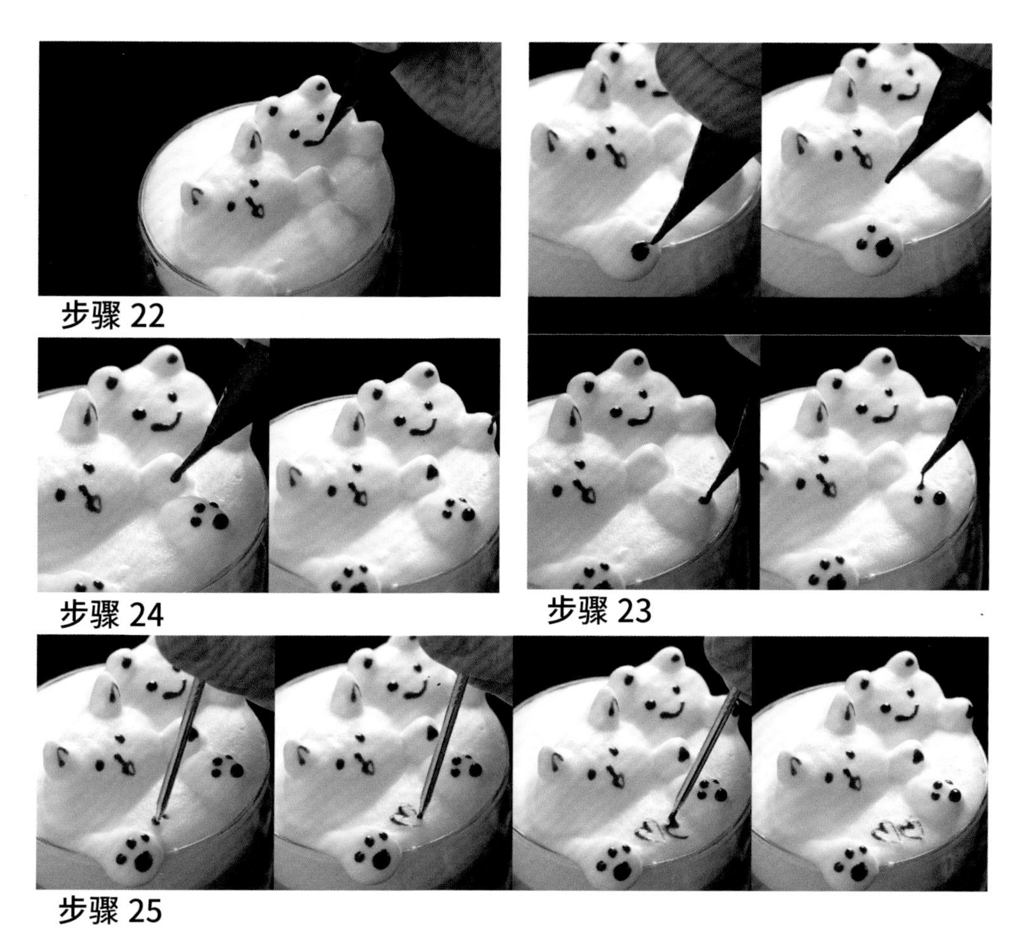

步骤 22

步骤 24

步骤 23

步骤 25

22. 用裱花袋装巧克力酱，画出另一只猫弯弯的嘴巴。

23. 用裱花袋装巧克力酱，画出猫爪的肉垫。

24. 用裱花袋装巧克力酱，画出另一只猫猫爪的肉垫。

25. 用雕花针蘸取巧克力酱在两只猫爪之间勾勒出两个“心”形。

26. 用雕花针蘸取巧克力酱在另外一只猫中间勾勒出“smile”。

27. 两只正在泡温泉的 3D 微笑猫咖啡完成了。

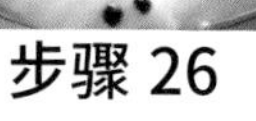

步骤 26

步骤 27

抹茶沙冰

Mocha Shabing

材料→

意式浓缩咖啡 60mL，冰块、牛奶、抹茶粉、奶油、白糖浆各适量。

工具→

海波杯，量杯，电子秤，长匙，裱花袋，裱花嘴，搅拌机，撒粉器。

制作方法→

1. 量杯中加入抹茶粉 5~10g。
2. 将牛奶倒入搅拌机中。
3. 将白糖浆倒入搅拌机。
4. 将称好的抹茶粉倒入搅拌机。
5. 将萃取好的 60mL 浓缩咖啡倒入搅拌机。
6. 加入冰块。

步骤 1

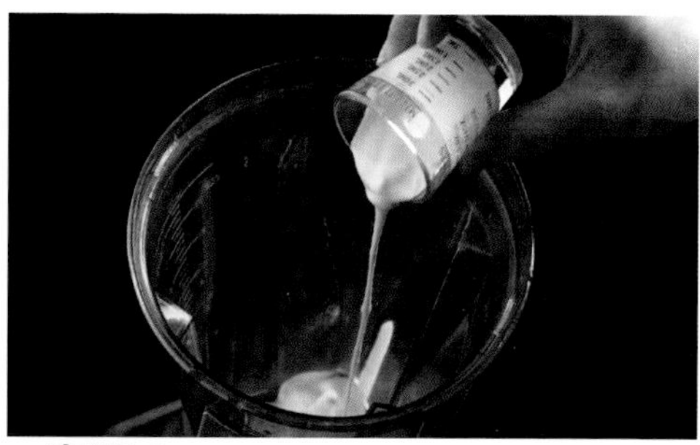

步骤 2

步骤 3

步骤 4

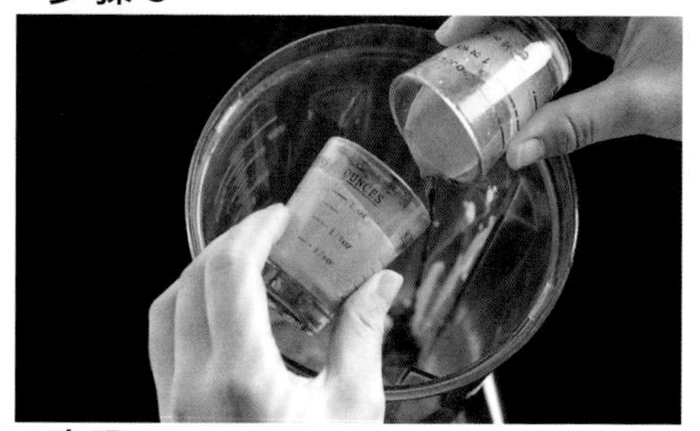

步骤 5

步骤 6

步骤 7

步骤 8

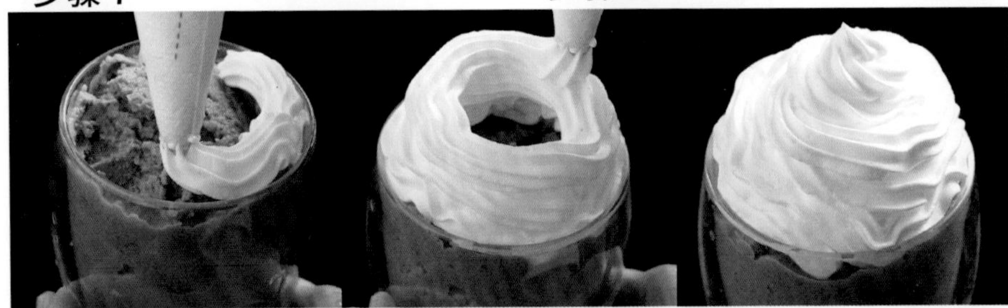

步骤 9

步骤 10

步骤 11

7. 将搅拌机中的冰块打碎并混合成沙状。
8. 将混合后的沙冰装入海波杯。
9. 用裱花袋将奶油以旋转方式挤在沙冰上。
10. 用撒粉器在奶油表面撒上抹茶粉。
11. 充满清香抹茶味的抹茶沙冰完成了。

焦糖沙冰

Jiaotang Shabing

材料→

意式浓缩咖啡 60mL，焦糖糖浆、奶油、牛奶、焦糖浆、冰块各适量，白糖浆、奥利奥饼干各适量。

工具→

海波杯，长匙，搅拌机，裱花袋，裱花嘴。

制作方法→

1. 将焦糖倒入搅拌机。
2. 将白糖浆倒入搅拌机。
3. 将牛奶和奶油倒入搅拌机。
4. 将萃取好的 60mL 浓缩咖啡倒入搅拌机。

步骤 1

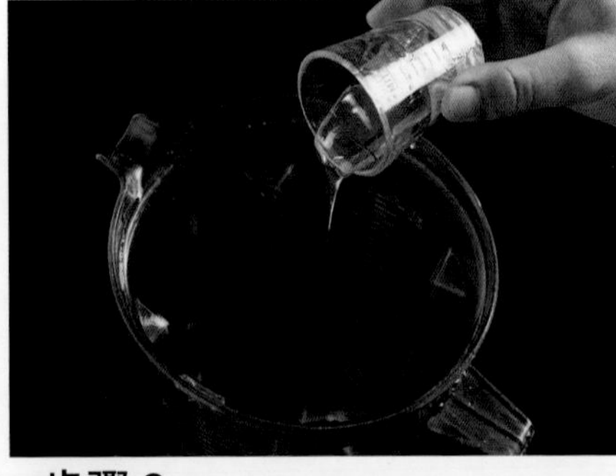

步骤 2

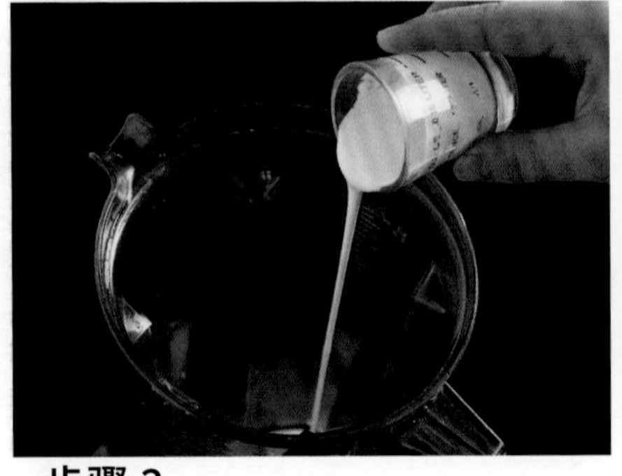

步骤 3

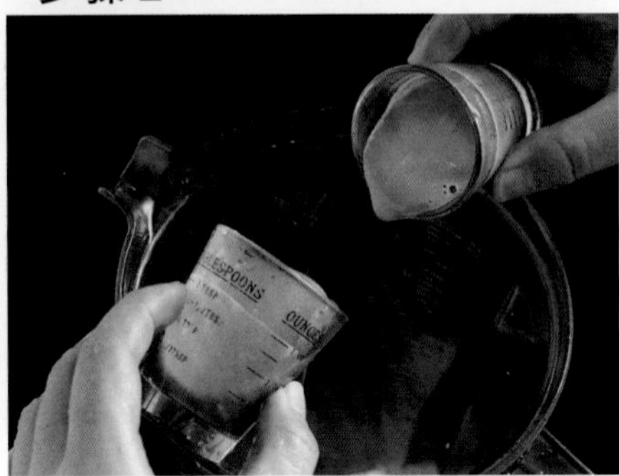

步骤 4

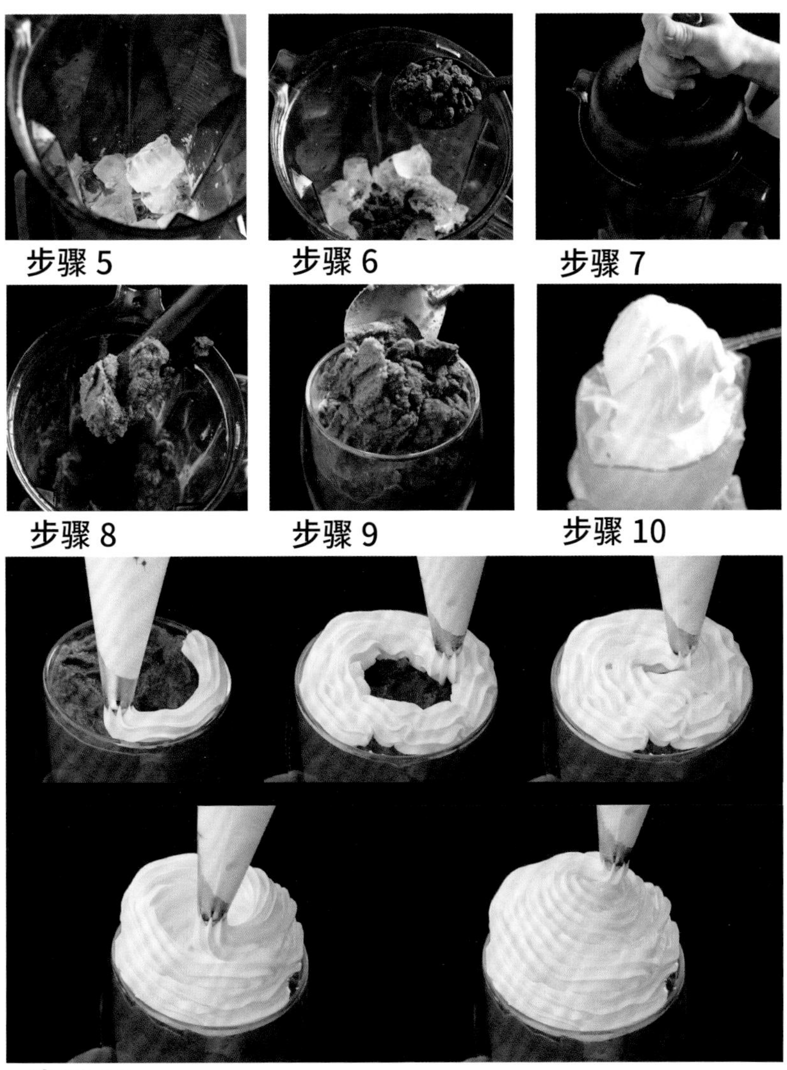

5. 将冰块加入搅拌机。
6. 将奥利奥饼干碎加入搅拌机。
7. 盖上盖子，将搅拌机中的冰块打碎并混合。
8. 待冰块打成沙状。
9. 将咖啡沙冰装入海波杯。
10. 将奶油装入裱花袋。
11. 用裱花袋将奶油以旋转方式挤在咖啡沙冰上。

步骤 12

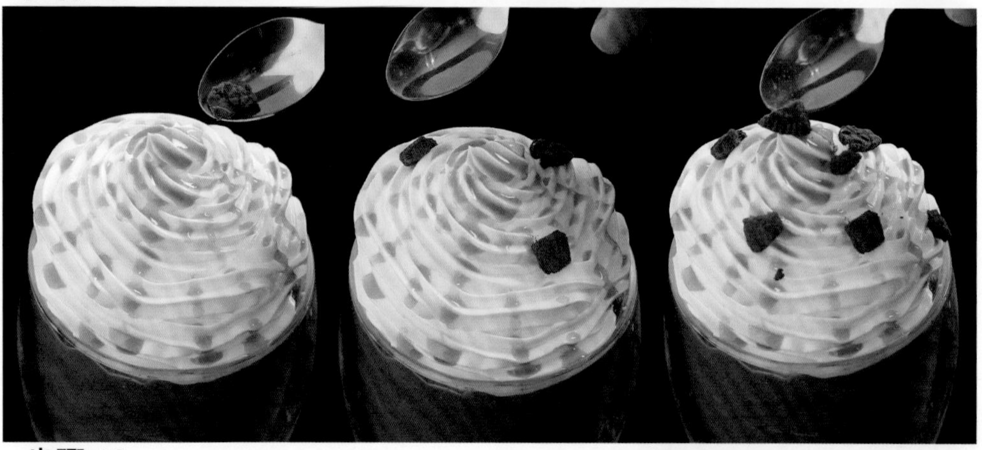

步骤 13

步骤 14

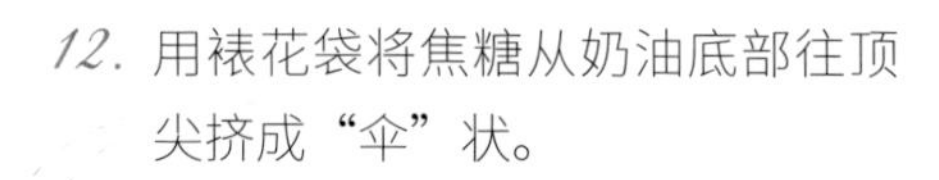

12. 用裱花袋将焦糖从奶油底部往顶尖挤成“伞”状。

13. 在表面放上奥利奥饼干碎。

14. 既凉爽又香脆的焦糖沙冰完成了。

摩卡沙冰
Moka Shabing

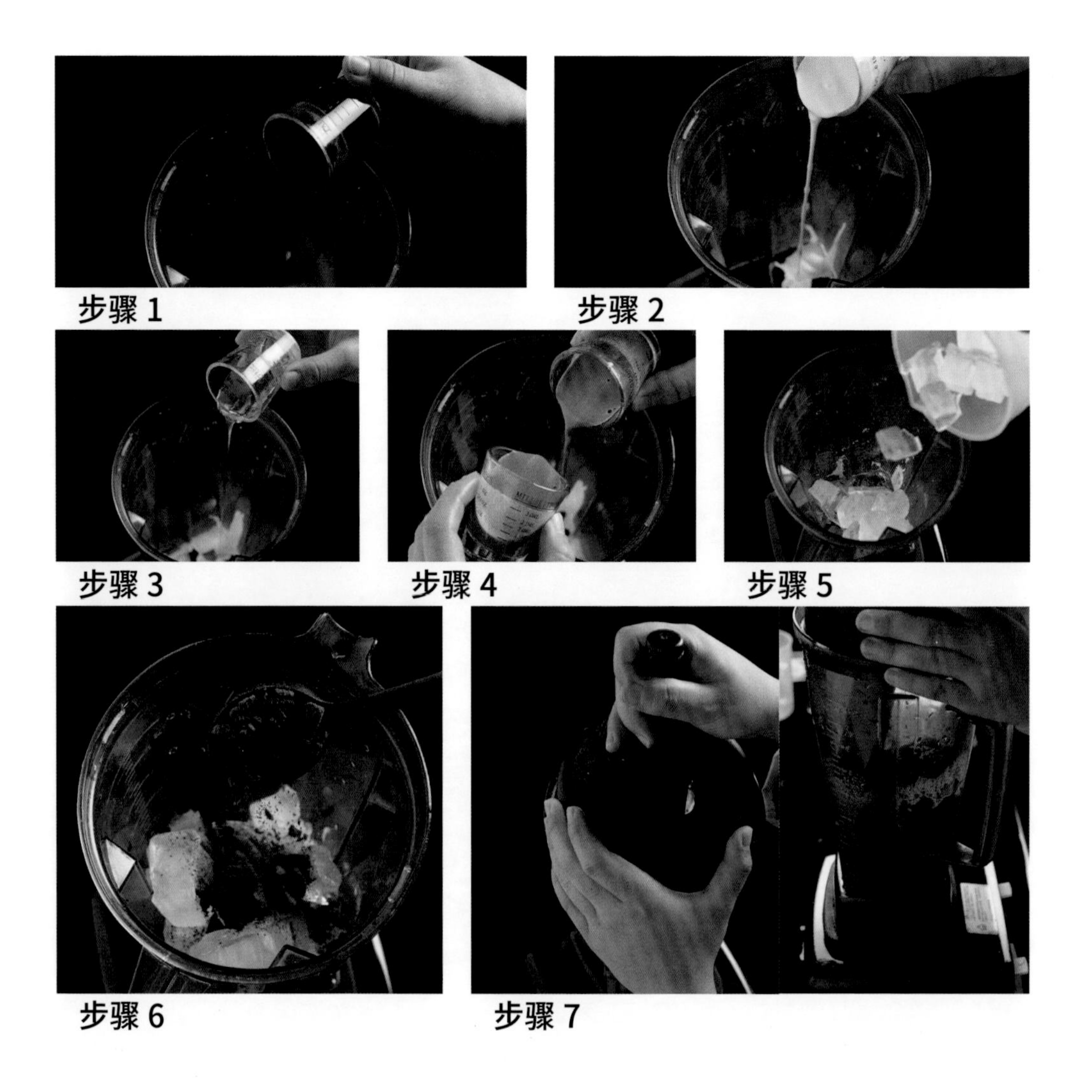

步骤 1　步骤 2

步骤 3　步骤 4　步骤 5

步骤 6　步骤 7

材料→

意式浓缩咖啡 60mL，白糖浆适量，淡奶油适量，巧克力酱适量，冰块、可可脆牛奶、奥利奥饼干碎、可可粉各适量。

工具→

海波杯，长匙，搅拌机，裱花袋，裱花嘴。

制作方法→

1. 将巧克力酱倒入搅拌机中。
2. 将淡奶油、牛奶倒入搅拌机中。
3. 将白糖浆倒入搅拌机中。
4. 将萃取好的 60mL 浓缩咖啡倒入搅拌机中。
5. 将冰块加入搅拌机中。
6. 加入 30g 奥利奥饼干碎。
7. 盖上盖子，将搅拌机中的冰块打碎并混合。

8. 待冰块打成沙状，将咖啡沙冰装入海波杯。

9. 用裱花袋将奶油以旋转方式挤在咖啡沙冰上。

步骤 8

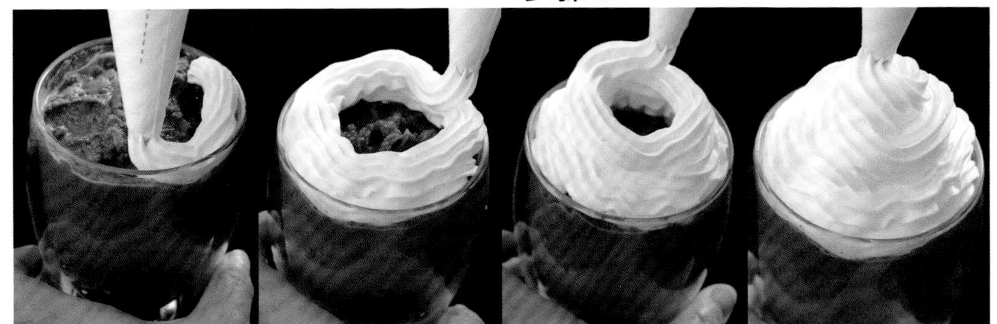

步骤 9

步骤 10

步骤 11

10. 用裱花袋将巧克力酱从奶油底部往顶尖挤成“伞”状。

11. 用长匙将可可脆放在奶油上即可。

3D 温泉猫咖啡

3D Wenquanmao Kafei

材料→

意式浓缩咖啡 60mL，牛奶、冰块、白糖浆、巧克力酱各适量。

工具→

拉花缸，爱尔兰咖啡杯，雕花针，奶泡壶，量杯，裱花袋，长匙。

制作方法→

1. 准备好爱尔兰咖啡杯、拉花针、白糖浆、牛奶、巧克力酱、冰块、长匙、奶泡壶。
2. 在爱尔兰咖啡杯中倒入牛奶，并加入白糖浆，搅拌均匀。
3. 拉花缸中加入适量冰块，用拉花缸萃取 60mL 浓缩咖啡。
4. 在爱尔兰咖啡杯表面放满冰块。
5. 将拉花缸中的浓缩咖啡倒咖啡杯的冰块上，形成黑白上下两层。
6. 用长匙舀奶泡填满杯子，并弄平整。

步骤 7

步骤 8

步骤 9

步骤 10

7. 再次用长匙舀奶泡缓缓放奶泡表面，形成半球形，为猫的头。

8. 用雕花针修出猫的眼睛和耳朵部分。

9. 用雕花针蘸取奶泡，在两只耳朵处分别滴一滴奶泡，形成三角形的耳朵。

10. 用雕花针蘸取奶泡，在杯沿滴两滴奶泡，形成猫的手。

步骤 11　　步骤 12

11. 用裱花袋装巧克力酱画出猫的耳朵、眼睛、胡须、嘴巴、肉垫。

12. 可爱的 3D 温泉猫咖啡成功制作完成。

3D 睡猫咖啡

3D Shuimao Kafei

材料→

意式浓缩咖啡 60mL，
牛奶、白糖浆、冰块、
巧克力酱各适量。

工具→

海波杯，奶泡壶，量壶，
量杯，长匙，拉花缸，
雕花针，裱花袋。

制作方法→

1. 在牛奶中加入白糖浆。
2. 用长匙搅拌均匀。
3. 将牛奶倒入海波杯。
4. 在拉花缸中加入冰块。
5. 用拉花缸萃取 60mL 浓缩咖啡。
6. 在海波杯中加入冰块，铺满液面。
7. 把拉花缸缸嘴靠近杯沿，将萃取的浓缩咖啡缓缓注入海波杯中，形成黑白分明的两层。
8. 用长匙将打好的奶泡放到咖啡液面，直到满杯，并弄平整。

步骤 1　步骤 2　步骤 3
步骤 4　步骤 5　步骤 6
步骤 7
步骤 8

步骤 9

步骤 10

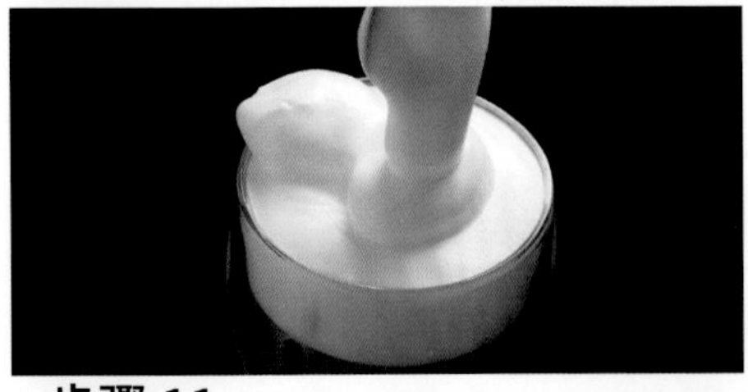

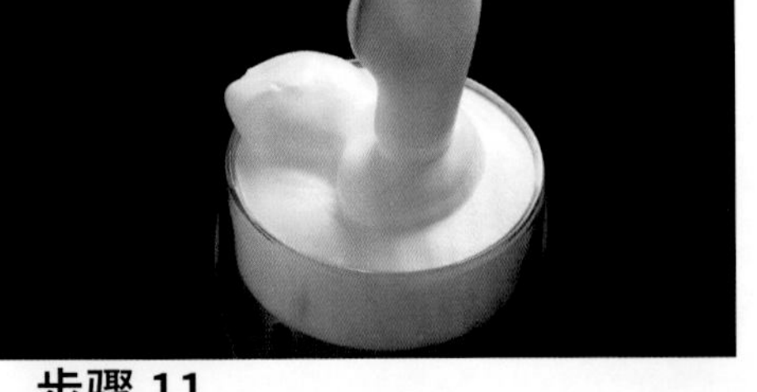

步骤 11

步骤 12

步骤 13

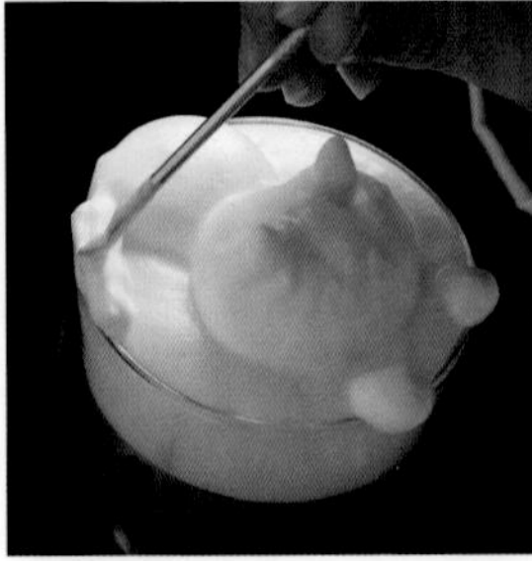

步骤 14

步骤 15

9. 用长匙盛奶泡堆在表面，形成一个“大半圆”，为猫的头。

10. 用长匙盛奶泡在“头”上方堆成一个“大圆”，为猫的身体。

11. 在“头”上再放上一勺奶泡。

12. 用雕花针确定猫耳朵的位置。

13. 用雕花针将奶泡堆出耳朵的形状。

14. 用雕花针将奶泡堆出猫的双手。

15. 用雕花针将奶泡堆出猫的尾巴。

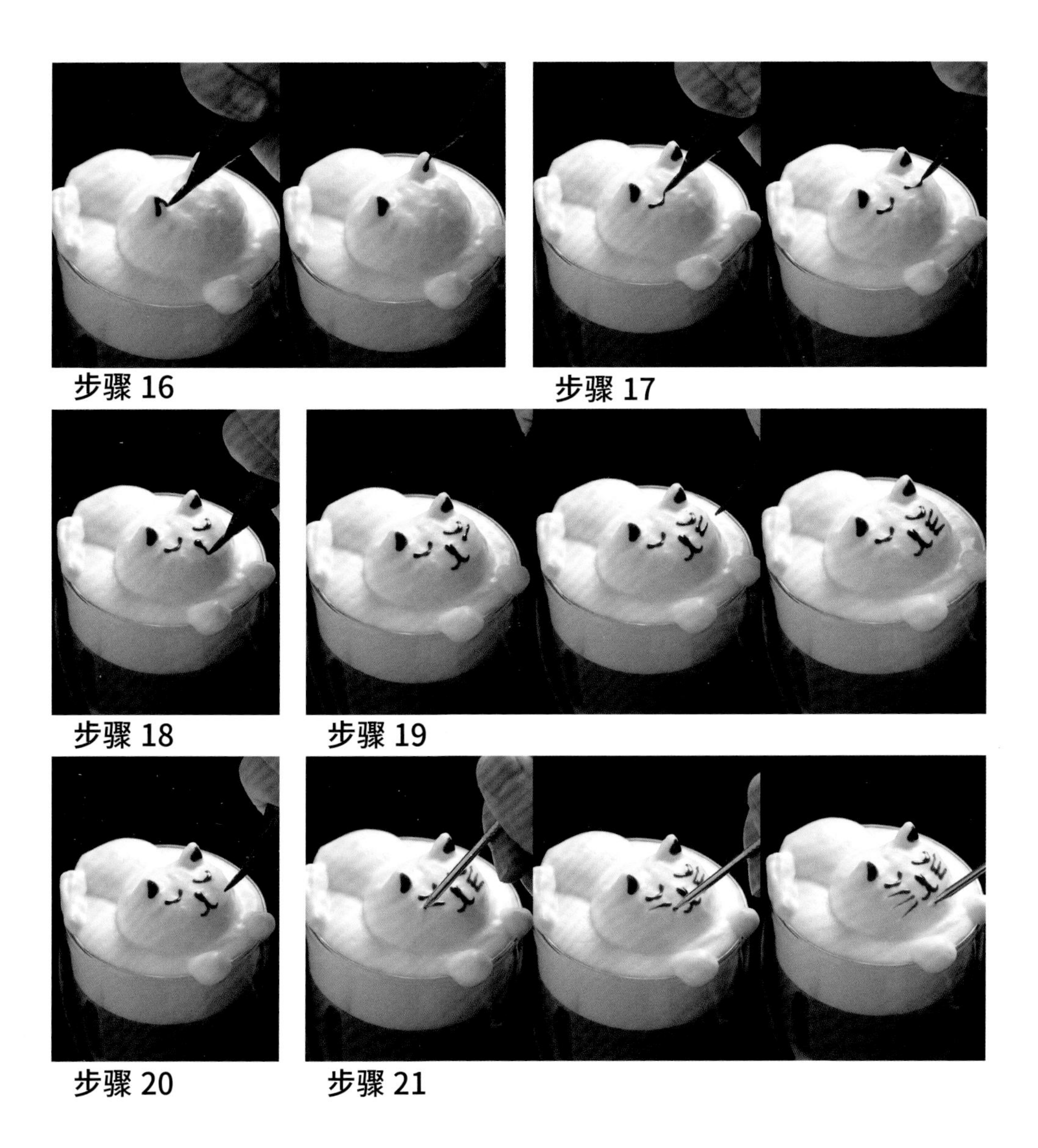

16. 用裱花袋装巧克力酱，在猫的耳朵处画出三角形，使其更具立体感。

17. 用巧克力酱画出猫弯弯的眼睛。

18. 用巧克力酱画出猫圆圆的小鼻子。

19. 用巧克力酱顺着鼻子画出嘴巴。

20. 用巧克力酱在脸夹画上胡须。

21. 用雕花针顺着胡须画一下，使其更加形象，并在另一边脸夹画出胡须。

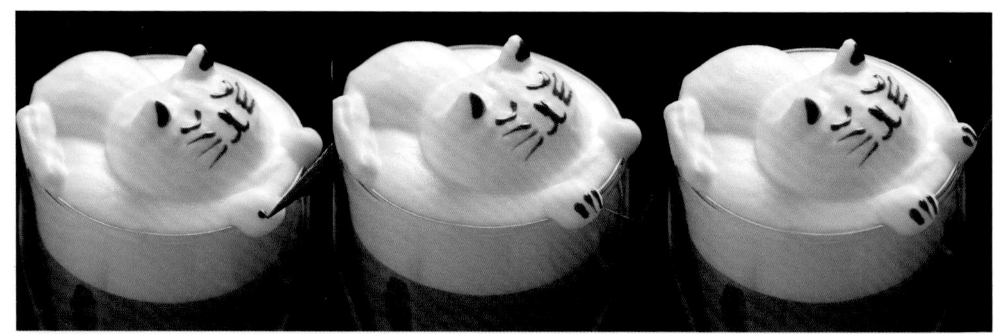

步骤 22

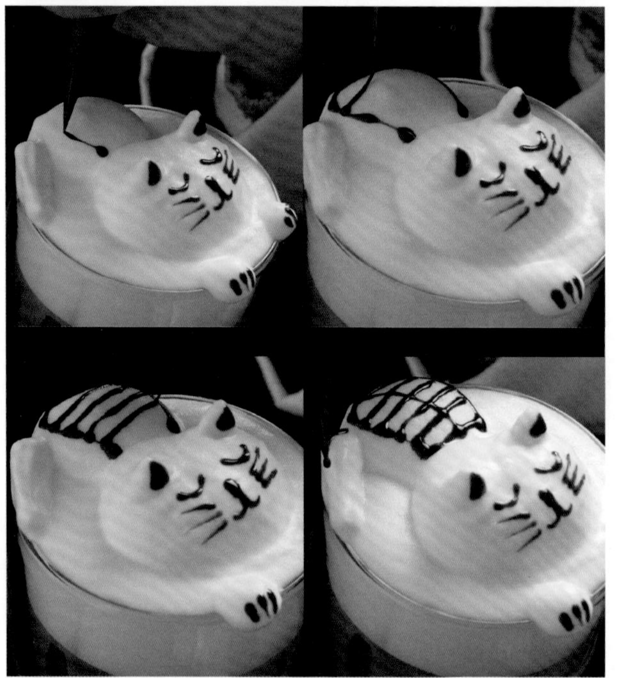

步骤 23

步骤 24

步骤 25

22. 用巧克力酱在猫手上画上猫爪。

23. 用巧克力酱在猫身上画花纹。

24. 用巧克力酱在猫尾巴上画花纹。

25. 萌萌的 3D 睡猫咖啡完成了。

焦糖卡布奇诺
Jiaotang Kabu Qinuo

材料→

意式浓缩咖啡 60mL，牛奶适量，白糖浆适量，冰块适量，焦糖酱适量。

工具→

海波杯，奶泡壶，量壶，量杯，长匙，拉花缸，拉花针，裱花袋，雕花针。

制作方法→

1. 在牛奶中加入白糖浆。
2. 用长匙搅拌均匀。
3. 将牛奶倒入海波杯。
4. 在拉花缸中加入冰块。
5. 用拉花缸装入萃取好的 30mL 咖啡。
6. 在海波杯中加入冰块，铺满液面。

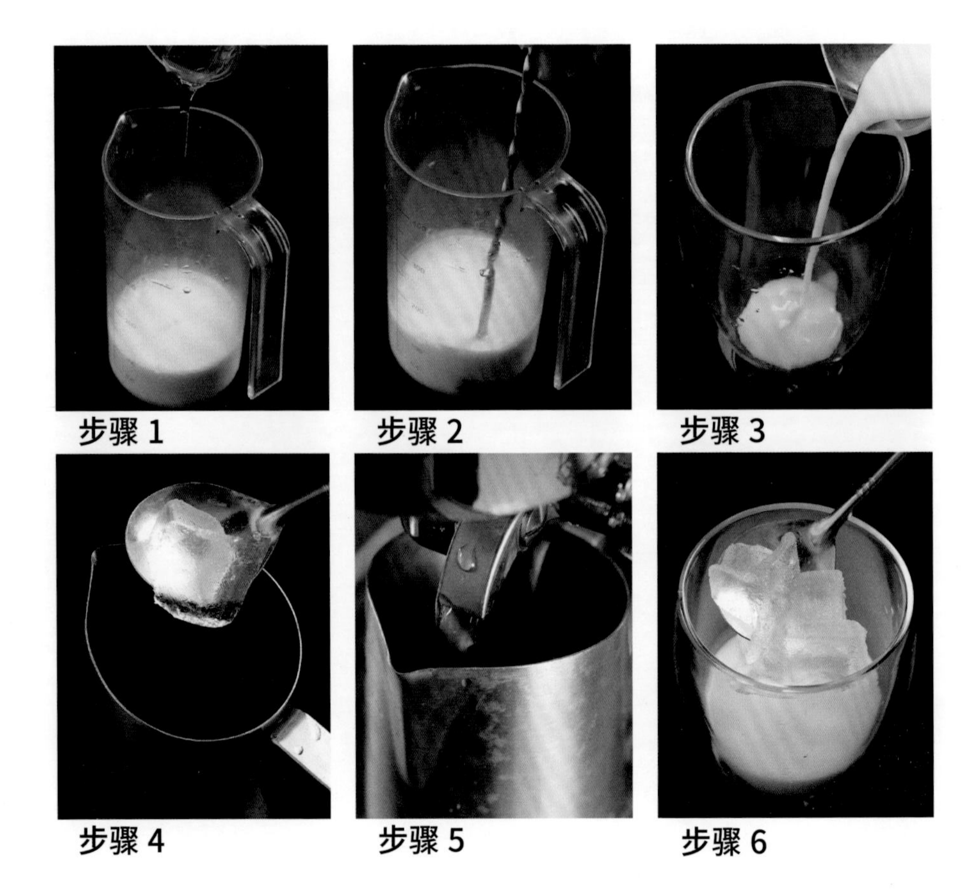

步骤 1 步骤 2 步骤 3

步骤 4 步骤 5 步骤 6

7. 把拉花缸缸嘴抵在杯沿，将萃取的浓缩咖啡缓缓注入海波杯中，形成黑白分明的两层。

8. 用长匙将打好的奶泡放到咖啡液面，直到满杯，并弄平整。

9. 用裱花袋装焦糖酱从奶泡表面中心处开始挤上圆点。

步骤 7

步骤 8

步骤 9

10. 用裱花袋装焦糖酱，在奶泡表面都挤满圆点。

11. 雕花针对准如图所示位置按顺时针方向将所有焦糖圆点连起来，形成一个漩涡。

12. 漂亮的焦糖卡布奇诺完成了。

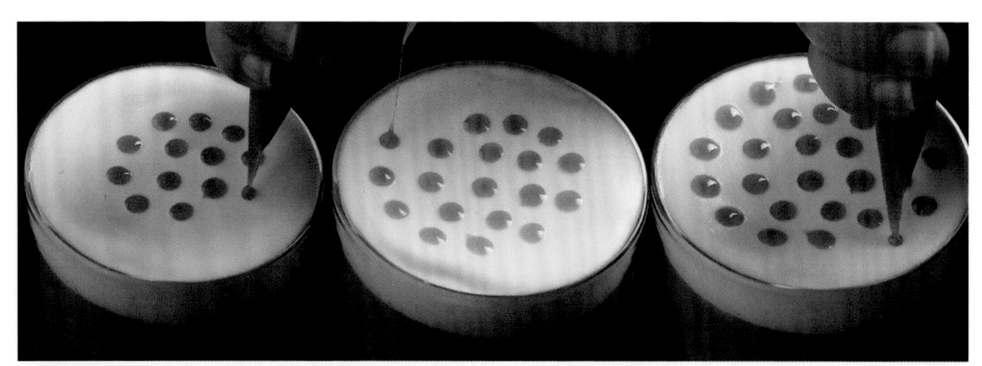

步骤 10

步骤 11

步骤 12

锦云美式（冰）

Jinyun Meishi(bing)

步骤 1

步骤 2

步骤 3

步骤 4

步骤 5

步骤 6

材料→

意式浓缩咖啡 60mL，牛奶、冰块、常温饮用水各适量。

工具→

奶泡壶，海波杯，量杯，长匙。

制作方法→

1. 将萃取的 60mL 意式浓缩咖啡倒入装有冰块的海波杯里。
2. 加入适量常温饮用水，至 7 分满。
3. 将牛奶倒入奶泡壶。
4. 盖上盖子，打奶泡。
5. 用长匙盛奶泡放到咖啡液面。
6. 充满泡沫的锦云美式咖啡完成了。

馥芮白
Furuibai

材料→

意式浓缩咖啡 30mL，
牛奶 220mL。

工具→

拉花缸，宽口咖啡杯，
量杯。

制作方法→

1. 准备好牛奶、拉花缸、意式浓缩咖啡。
2. 用拉花缸打奶泡，并用咖啡杯装入萃取好的 30mL 浓缩咖啡。
3. 将装有浓缩咖啡的杯子平放在桌面，并将打好的牛奶泡沿着杯沿从外往内注入咖啡中（注入时拉花缸要提到一定高度，以便奶泡与咖啡充分融合）。
4. 待奶泡与咖啡融合到一定程度时，拉花缸慢慢放低注入，以便在咖啡液面形成的旋涡状——馥芮白制作完成。

步骤 1　步骤 2　步骤 3　步骤 4

豆浆咖啡

Doujiang Kafei

材料→

意式浓缩咖啡 30mL，
豆浆适量。

工具→

拉花缸，拉花针，
宽口咖啡杯，量杯。

制作方法→

1. 准备好 30mL 浓缩咖啡，拉花缸和豆浆。
2. 将杯子倾斜 45°，拉花缸紧贴杯缘，开始缓缓注入豆浆，注入时旋转。
3. 降低拉花缸，加大注入流量，在原点继续注入。
4. 注点移至咖啡杯中心。
5. 大流量地注入豆浆，以便在其表面形成一个实心圆，满杯后收住豆浆。
6. 将咖啡杯平放在桌面，用雕花针在液面勾出花瓣。
7. 花朵盛开的豆浆咖啡完成了。

可可咖啡
Keke Kafei

材料→

意式浓缩咖啡 60mL，牛奶，可可粉，巧克力酱，热水。

工具→

奶泡壶，海波杯，长匙，撒粉器。

制作方法→

1. 萃取 60mL 的浓缩咖啡，加入 15g 巧克力酱，加入热水至杯子的 7 分满，用长匙搅拌均匀。
2. 将牛奶倒入奶泡壶，打奶。
3. 用长匙盛奶泡铺满杯子，并弄平整。
4. 用撒粉器在奶泡表面撒上可可粉。
5. 诱人的可可咖啡完成了。

步骤 1

步骤 2

步骤 3

步骤 4

步骤 5

姜片咖啡

Jiangpian Kafei

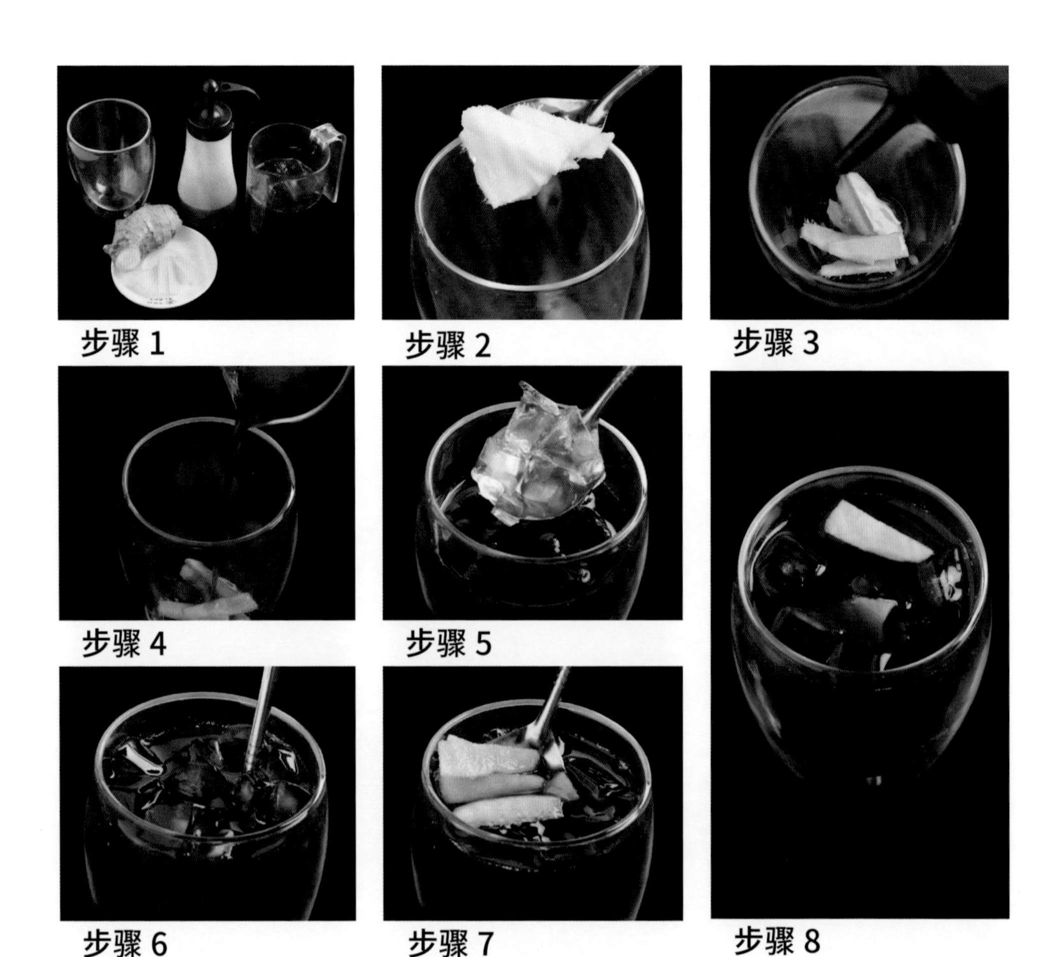
步骤 1 步骤 2 步骤 3 步骤 4 步骤 5 步骤 6 步骤 7 步骤 8

材料→

美式冰咖啡适量，蜂蜜适量，姜片数片。

工具→

海波杯，量壶，长匙。

制作方法→

1. 准备好姜片，美式冰咖啡，蜂蜜等。
2. 在杯中放入数片姜。
3. 往杯中加入蜂蜜。
4. 倒入冰美式咖啡，7 分满。
5. 在液面加满冰块。
6. 用长匙搅拌均匀。
7. 用长匙将姜片捞到液面。
8. 又辣又凉的姜片咖啡，让舌尖充满层次感。

牛奶蜂蜜咖啡

Niunai Fengmi Kafei

材料→

意式浓缩咖啡适量，牛奶适量，蜂蜜适量，冰块适量。

工具→

香槟杯，量壶，长匙。

制作方法→

1. 准备好浓缩咖啡、牛奶和蜂蜜等。
2. 在香槟杯中加入蜂蜜，约 1/9 杯。
3. 将长匙伸入杯中，置于蜂蜜之上，把牛奶引流到香槟杯中，6 分满。
4. 在牛奶表面加满冰块。
5. 在冰块上缓缓注入咖啡至 8 分满。
6. 层次分明的牛奶蜂蜜咖啡完成了。

步骤 1　步骤 2

步骤 3　步骤 4

步骤 5　步骤 6

芒果布丁咖啡

Mangguo Buding Kafei

材料→

浓缩咖啡适量，牛奶适量，芒果布丁 1 个，冰块适量。

工具→

海波杯，量壶。

制作方法→

1. 在海波杯杯中放入切好的芒果布丁。
2. 往海波杯中加入适量牛奶，约 6 分满。
3. 待牛奶完全浸没布丁。
4. 在牛奶液面加满冰块。
5. 在冰块上缓缓注入浓缩咖啡，9 分满。
6. 充满芒果香味的芒果布丁咖啡完成了。

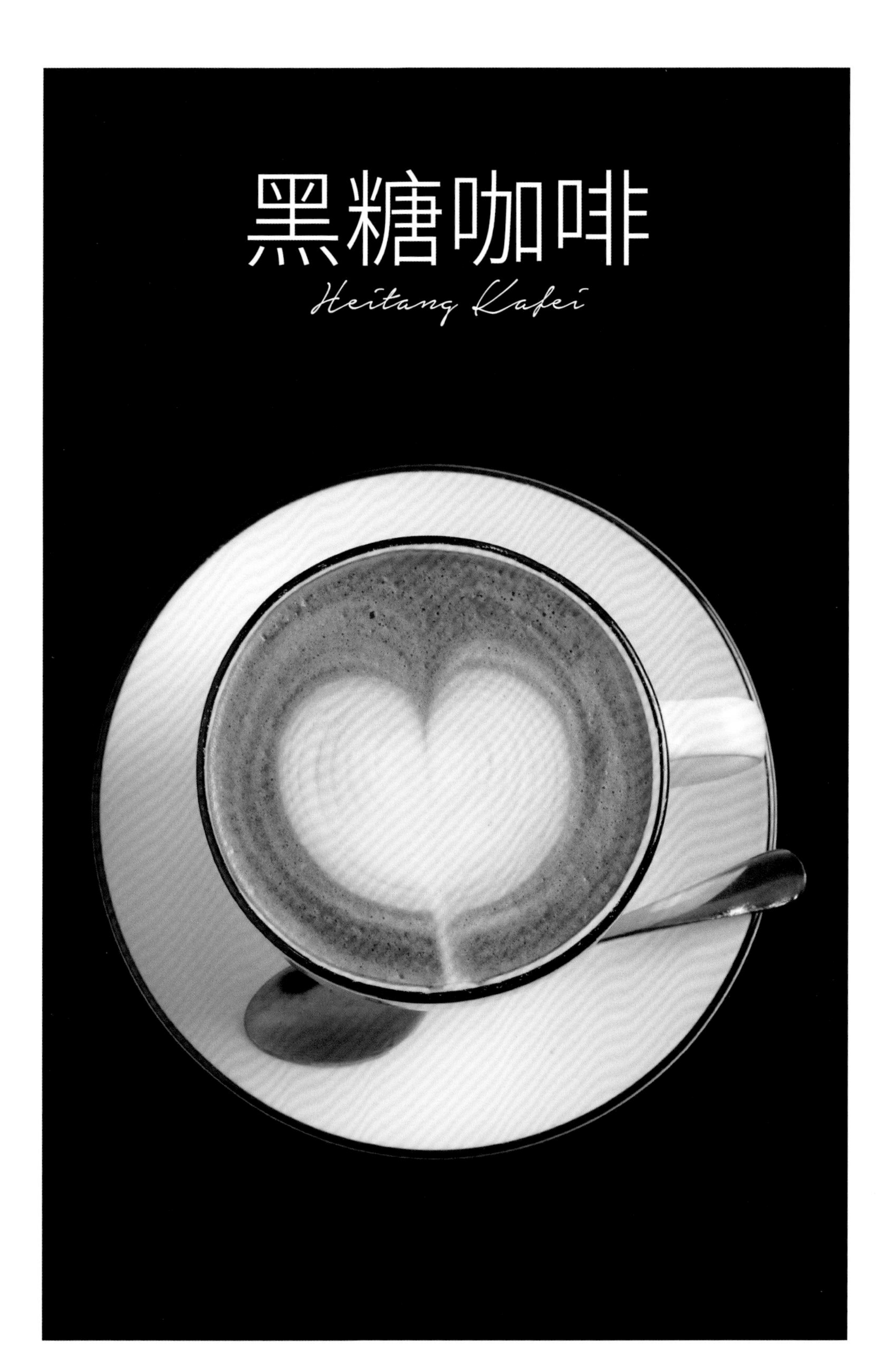
黑糖咖啡
Heitang Kafei

材料→

意式浓缩咖啡 30mL，
牛奶、黑糖浆各适量。

工具→

拉花缸，宽口咖啡杯，
量杯，量壶，长匙。

制作方法→

1. 在浓缩咖啡中加入黑糖浆。
2. 将黑糖浆搅拌均匀。
3. 咖啡杯倾斜地放在拉花缸的缸嘴处，注意缸嘴与咖啡杯之间要有一定的高度。
4. 往咖啡液面中心开始注入奶泡，压住浮起的泡沫，使其一起卷入咖啡里。
5. 保持注入液面中央位置，转圈持续注入奶泡。
6. 后推式注入奶泡，推开泡沫的逆流，使其向上膨胀起来，慢慢地把杯子放平。
7. 杯子盛满后，慢慢收起拉花缸，横断泡沫上的圆，到泡沫和油沫的边缘后立起拉花缸，形成心形。
8. 充满“爱心”的黑糖咖啡完成了。

修道咖啡
Xiudao Kafei

步骤 1　步骤 2　步骤 3

步骤 4

步骤 5　步骤 6

材料 →

意式浓缩咖啡 30mL，牛奶、奶油各适量。

工具 →

大长匙，量壶，爱尔兰咖啡杯。

制作方法 →

1. 准备 30mL 意式浓缩咖啡和适量牛奶、奶油。
2. 在爱尔兰咖啡杯中加入浓缩咖啡。
3. 杯中咖啡表面充满泡沫。
4. 用大长匙盛奶油从杯口处注入杯中心。
5. 待奶油与咖啡泡沫融合后，从液面中心缓缓注入牛奶至 9 分满。
6. 充满迷幻色彩的修道咖啡完成了。

蓝柑咖啡
Langan Kafei

材料→

冰美式咖啡、蓝柑蜜露各适量，新鲜柠檬1片。

工具→

马提尼杯，量壶。

制作方法→

1. 准备浓缩咖啡和蓝柑蜜露。
2. 在马提尼杯中加入蓝柑蜜露。
3. 将壶嘴靠近在杯沿，使冰咖啡沿着杯壁缓慢流入杯中。
4. 从侧面看杯底的蓝柑蜜露和冰咖啡层次分明。
5. 待9分满，插上柠檬片装饰即可。

步骤 1

步骤 2

步骤 3

步骤 4

步骤 5

草莓牛奶咖啡
Caomei Niunai Kafei

材料→

冰美式咖啡、草莓牛奶、冰块各适量。

工具→

香槟杯，量壶。

制作方法→

1. 准备草莓牛奶、冰美式咖啡等。
2. 在香槟杯中加入冰块至约 1/3 杯。
3. 倒入草莓牛奶。
4. 待草莓牛奶浸没冰块，将壶嘴靠近杯沿，缓慢注入冰咖啡至 8 分满。
5. 在冰块上继续倒入一点草莓牛奶。
6. 充满草莓奶香味的草莓牛奶咖啡完成了。

咖啡鲜橙
Kafei Xiancheng

材料→

冰美式咖啡、柚子茶各适量，新鲜橙子 1 个。

工具→

海波杯，量壶，长匙。

制作方法→

1. 准备新鲜橙子肉、冰美式咖啡。
2. 在海波杯中加入新鲜橙子肉。
3. 再加入 1 勺柚子茶。
4. 将壶嘴靠近杯沿，缓缓注入冰咖啡。
5. 清香的咖啡鲜橙制作完成。

步骤 1　步骤 2　步骤 3　步骤 4　步骤 5

冰抹茶牛奶咖啡
Bing Mocha Niunai Kafei

步骤 1

步骤 2

步骤 3

步骤 4

材料→

浓缩咖啡、牛奶、抹茶粉、热水各适量。

工具→

海波杯，量杯，量壶，长匙，筅刷，糖粉筛。

制作方法→

1. 准备浓缩咖啡、牛奶和抹茶粉等。
2. 在海波杯中加入抹茶粉。
3. 沿着杯壁缓缓注入热水溶解抹茶粉。
4. 用竹筅搅均。

步骤 5

步骤 6

步骤 7

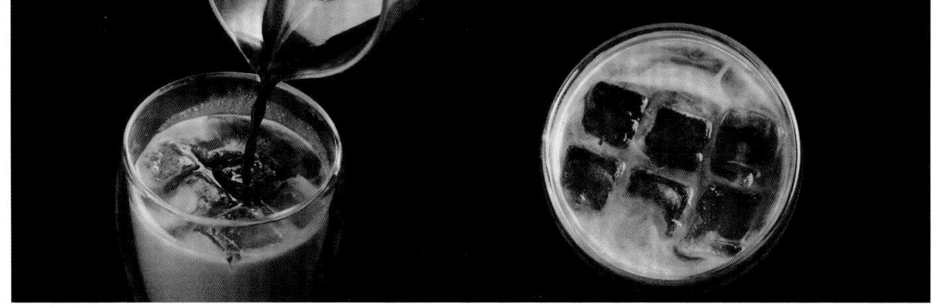

步骤 8

步骤 9

步骤 10

5. 缓缓注入牛奶。

6. 再用竹筅搅匀。

7. 加入 6 块冰块。

8. 壶口靠近杯沿在冰块上缓缓注入咖啡。

9. 用撒粉器在表面撒上些抹茶粉。

10. 清新的冰抹茶牛奶咖啡完成了。

焦糖奶香咖啡

Jiaotang Naixiang Kafei

材料→

浓缩咖啡、牛奶、焦糖糖浆各适量。

工具→

海波杯，量杯，量壶。

制作方法→

1. 准备浓缩咖啡、牛奶和焦糖糖浆。
2. 将牛奶倒入海波杯，至 5 分满。
3. 加入焦糖糖浆。
4. 将壶口靠近杯沿，缓缓注入浓缩咖啡。
5. 搅拌均匀即可。

步骤 1　步骤 2　步骤 3

步骤 4　步骤 5

淡奶咖啡
Dannai Kafei

步骤 1　步骤 2　步骤 3　步骤 4

材料→

意式浓缩咖啡 60mL，淡奶油 60mL。

工具→

盎司杯，马提尼杯。

制作方法→

1. 将淡奶油倒入马提尼杯中，约 4 分满。
2. 萃取双份意式浓缩咖啡（60mL）。
3. 将意式浓缩咖啡倒入马提尼杯中，约 8 分满（咖啡与淡奶油比例为 1 ：1）。
4. 充满奶香味的淡奶咖啡完成了。

摩卡壶咖啡

Mokahu Kafei

材料→

咖啡粉 15g，热水适量。

工具→

摩卡壶，湿毛巾，咖啡杯。

制作方法→

1. 准备摩卡壶。
2. 在摩卡壶下座加入开水（注意水不要超过安全阀的高度，最好与那条线平齐，水太少则压力太小，也会影响萃取效果）。
3. 磨制咖啡粉时直接用粉槽装（注意不要按压加满咖啡粉的粉槽，放置上去即可，保留咖啡粉之间的空隙，提高萃取度，用手指抹平）。
4. 将粉槽放在托底上。

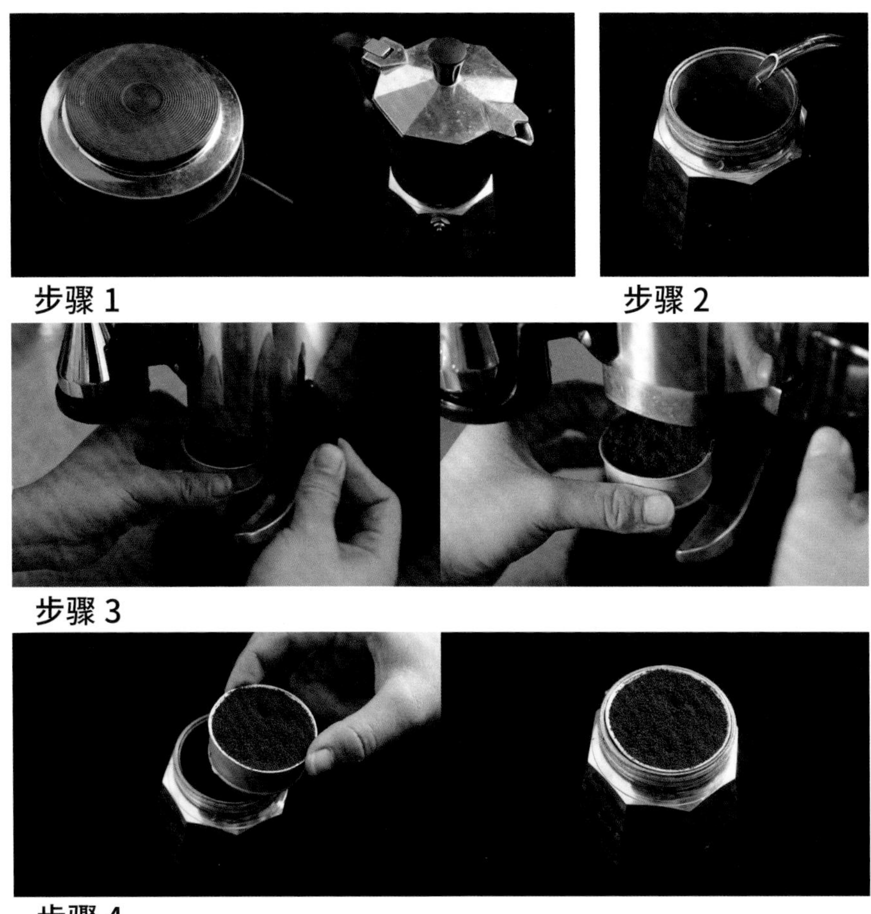

步骤 1　步骤 2　步骤 3　步骤 4

5. 装上底座，拧紧（注意因下座较烫，可用湿毛巾帮助固定）。

6. 将摩卡壶放置在电源上加热。

7. 为方便观察，将盖子打开，出水口对向自己，并将湿毛巾放进冰箱冷藏备用。

8. 待咖啡慢慢出来，颜色会逐渐变深，有少量的油脂，将湿毛巾从冰箱拿出。

9. 当油脂颜色慢慢变浅时，在摩卡壶发出吐泡泡的声音前，将摩卡壶离开热源，放到湿毛巾上快速降温，以免过度烘培带来的苦涩味（注这样萃取出的咖啡量较少，但浓度高、口味纯）。

10. 当咖啡不再溢出时倒入咖啡杯即可。

步骤 5 步骤 6 步骤 7 步骤 8 步骤 9 步骤 10

酸酸甜甜
Suansuan Tiantian

材料→

意式浓缩咖啡 30mL，牛奶适量，新鲜柠檬 1/2 个，白糖浆适量。

工具→

拉花缸，宽口咖啡杯，量杯，量壶，雕花针。

制作方法→

1. 准备 1/2 个新鲜柠檬，30mL 意式浓缩咖啡，牛奶、白糖浆。
2. 往浓缩咖啡中心挤入柠檬汁，使柠檬汁在咖啡表面形成一个实心圆。
3. 往杯中心缓缓加入白糖浆，直至柠檬汁的实心圆消失。
4. 手持咖啡杯，并倾斜约 30°，轻轻晃动拉花缸。
5. 从中心点缓缓注入奶泡。

步骤 6　步骤 7　步骤 8　步骤 9　步骤 10　步骤 11

步骤 12

6. 待奶泡与浓缩咖啡充分融合后，慢慢放低拉花缸，对准中心注入点注入奶泡。
7. 待中心呈出奶泡圈时，迅速收起拉花缸。
8. 用雕花针在奶泡圈边界上勾勒出花边。
9. 用雕花针蘸取咖啡液在奶泡圈中间勾勒出弯弯的眼睛。
10. 用雕花针蘸取咖啡液勾勒出嘴巴。
11. 用雕花针在眼睛处勾勒出秘密的眼睫毛。
12. 小太阳在酸甜的咖啡中安详地睡着了。

百香果牛奶咖啡

Baixiangguo Niunai Kafei

材料→

浓缩咖啡、牛奶、白糖浆、冰块各适量，百香果 1 个。

工具→

海波杯，量壶，量杯，长匙。

制作方法→

1. 准备所需材料工具。
2. 在海波杯中加入 1/2 杯牛奶。
3. 加入适量白糖浆。
4. 用长匙搅拌均匀。
5. 加入新鲜百香果。
6. 用长匙搅拌均匀。
7. 在牛奶液面加满冰块。
8. 将壶口靠近杯沿，往冰块上缓缓注入冰美式咖啡。
9. 待杯中充满咖啡色即可。

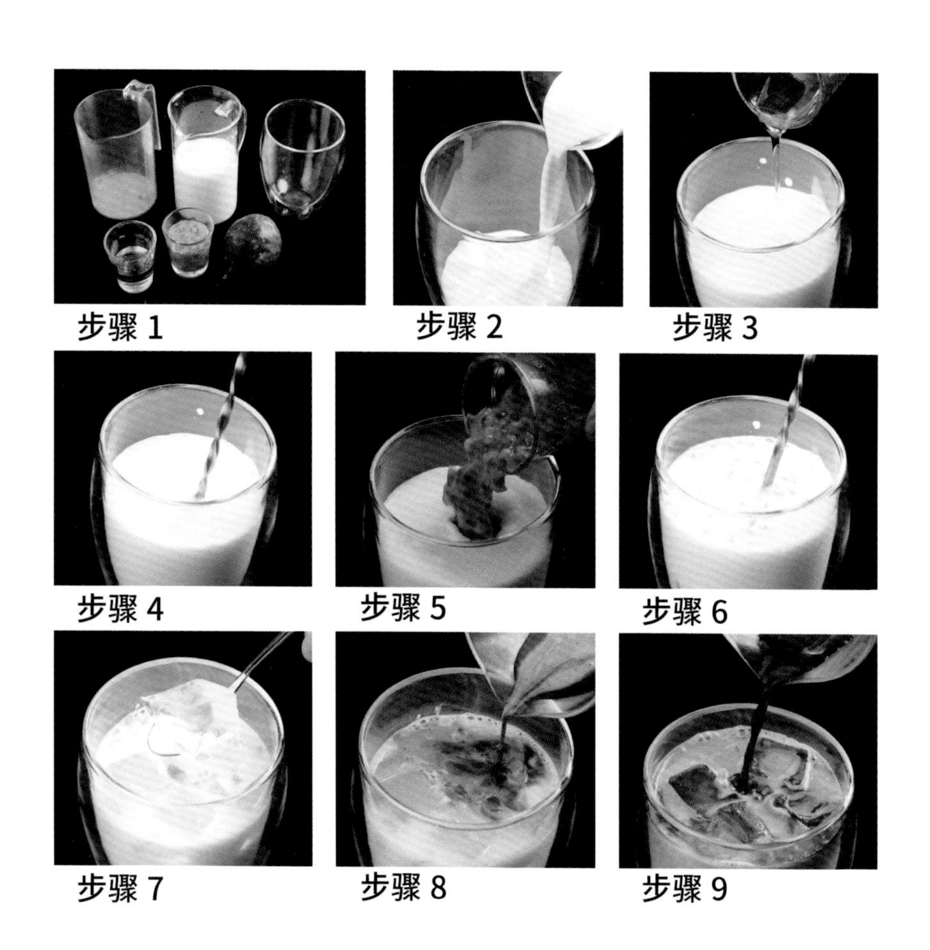

步骤 1　步骤 2　步骤 3　步骤 4　步骤 5　步骤 6　步骤 7　步骤 8　步骤 9

蛋糕牛奶咖啡

Dangao Niunai Kafei

步骤 1　步骤 2　步骤 3　步骤 4

材料→

意式浓缩咖啡 30mL，海绵蛋糕 2 块，焦糖酱、草莓片各适量。

工具→

宽口咖啡杯。

制作方法→

1. 准备 30mL 意式浓缩咖啡和 2 块蛋糕。
2. 将蛋糕放入咖啡中。
3. 在蛋糕表面淋上焦糖酱。
4. 放上草莓片点缀即可。

冰山牛奶咖啡

Bingshan Niunai Kafei

材料→

美式咖啡冰块适量，牛奶适量。

工具→

海波杯，量壶，小刀。

制作方法→

1. 将冰冻好的咖啡冰用刀弄成冰块。
2. 将咖啡冰块装满海波杯。
3. 往杯中缓缓注入牛奶至满杯。
4. 奶香与咖啡香互相渗透的冰山牛奶咖啡完成了。

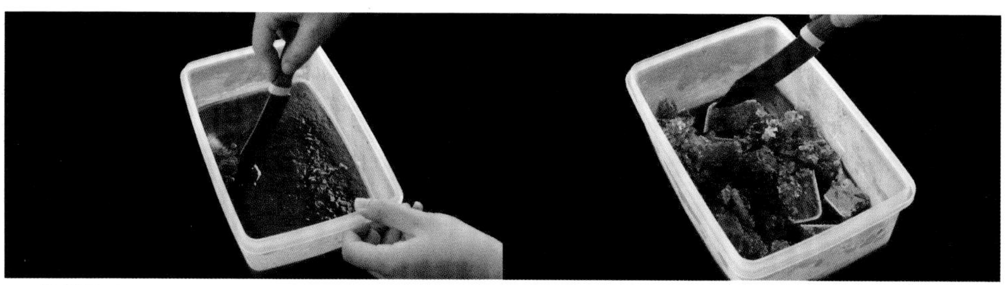

步骤 1

步骤 2

步骤 3

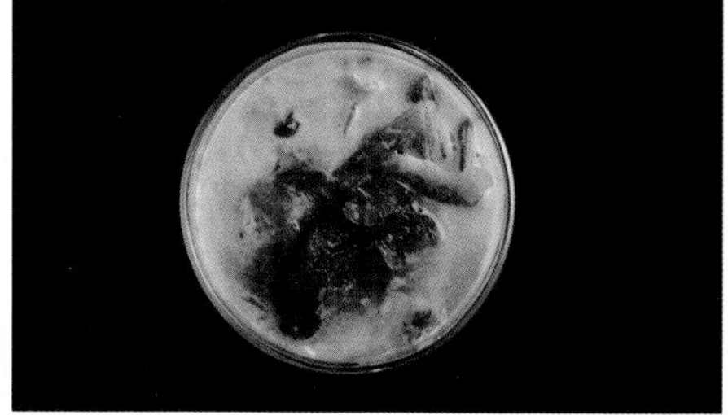

步骤 4

热蓝柑咖啡

Re Langan Kafei

步骤 1 步骤 2 步骤 3 步骤 4 步骤 5 步骤 6 步骤 7 步骤 8

材料→

意式浓缩咖啡 30mL，
牛奶、蓝柑蜜露各适量。

工具→

拉花缸，宽口咖啡杯，
量壶，量杯。

制作方法→

1. 准备 30mL 意式浓缩咖啡，牛奶、拉花缸和蓝柑蜜露。
2. 往浓缩咖啡中心加入蓝柑蜜露。
3. 将咖啡杯倾斜 45° 放在拉花缸的注口处。
4. 往浓缩咖啡液面中心开始缓缓注入奶泡。
5. 压住浮起的泡沫，使其一起卷入咖啡里，保持注入液面中央位置，转圈持续注入奶泡。
6. 后推式注入奶泡，推开泡沫的逆流，使其向上膨胀起来，慢慢地把杯子放平。
7. 杯子盛满后，慢慢拿起拉花缸，横断泡沫上的圆，到泡沫和油沫的边缘后立起拉花缸。
8. 香喷喷的热蓝柑咖啡完成了。

图书在版编目(CIP)数据

这才是醇正浓缩咖啡 / 刘清编著. -- 北京：中国纺织出版社有限公司，2022.8
ISBN 978-7-5180-7800-4

Ⅰ. ①这… Ⅱ. ①刘… Ⅲ. ①咖啡-基本知识 Ⅳ. ①TS273

中国版本图书馆CIP数据核字（2020）第162727号

责任编辑：闫　婷　　特约编辑：黄洁云
责任校对：王蕙莹　　责任印制：王艳丽

中国纺织出版社有限公司出版发行
地址：北京市朝阳区百子湾东里A407号楼　邮政编码：100124
销售电话：010—67004422　传真：010—87155801
http: //www.c-textilep.com
中国纺织出版社天猫旗舰店
官方微博 http: //weibo.com/2119887771
北京华联印刷有限公司印刷　各地新华书店经销
2022年8月第1版第1次印刷
开本：710×1000　1/16　印张：11
字数：108千字　定价：68.00元

凡购本书，如有缺页、倒页、脱页，由本社图书营销中心调换